○ 全 民 阅 读 · 经 典 小 丛 书 ○

西洋建筑

冯慧娟◎编

吉林出版集团股份有限公司

图书在版编目（CIP）数据

西洋建筑 / 冯慧娟编. —长春：吉林出版集团
股份有限公司，2015.6（2024.1重印）
（全民阅读·经典小丛书）
ISBN 978-7-5534-7800-5

Ⅰ.①西… Ⅱ.①冯… Ⅲ.①建筑艺术－西方国家
Ⅳ.①TU-881.1

中国版本图书馆 CIP 数据核字 (2015) 第 128367 号

XIYANG JIANZHU

西洋建筑

作　　者：冯慧娟　编
出版策划：崔文辉
选题策划：冯子龙
责任编辑：侯　帅
排　　版：新华智品
出　　版：吉林出版集团股份有限公司
　　　　　（长春市福祉大路5788号，邮政编码：130118）
发　　行：吉林出版集团译文图书经营有限公司
　　　　　（http://shop34896900.taobao.com）
电　　话：总编办 0431-81629909　　营销部 0431-81629880/81629881
印　　刷：北京一鑫印务有限责任公司
开　　本：640mm×940mm 1/16
印　　张：10
字　　数：130 千字
版　　次：2015 年 10 月第 1 版
印　　次：2024 年 1 月第 4 次印刷
书　　号：ISBN 978-7-5534-7800-5
定　　价：39.80 元

印装错误请与承印厂联系　　电话：18611383393

前 言

　　在遥远的蛮荒年代，史前人类栖身的山洞、树枝棚，展现了一种粗野、自然的美。接着，尼罗河畔，古埃及的金字塔、神庙、方尖碑向人们讲述了几千年的文明。神话国度古希腊境内的神庙极多、极美，似一场艺术的盛宴。随着基督教的广泛传播，教堂为世界建筑添上了浓墨重彩的一笔：法国的巴黎圣母院、意大利的百花圣母大教堂……无一不是世间最激动人心的杰作。到了近现代，钢铁、混凝土逐渐代替了石块：伦敦水晶宫、巴黎埃菲尔铁塔、悉尼歌剧院……无一不是令人瞩目的建筑奇观。

　　本书将用最精彩的文字，最精美的图片，带您走进世界建筑的神圣殿堂。限于篇幅，本书所讲述的经典建筑，不过是其中的部分精彩片段，遗珠之恨在所难免，期望读完本书，能使您"管窥"世界建筑，领略艺术美之"一斑"。

西洋建筑

目录

西洋建筑

目录

西洋建筑

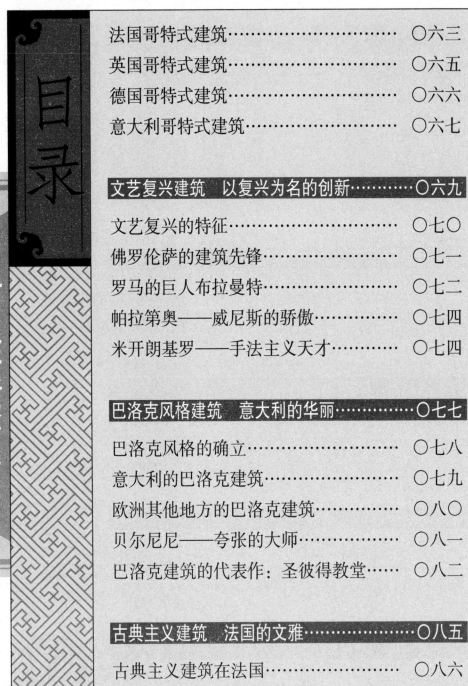

目录

西洋建筑

目录

西洋建筑

目录

西洋建筑

史前建筑

【琼楼玉宇的源头】

史前建筑

——琼楼玉宇的源头

历史的车轮滚滚向前，将过去碾得粉碎，但就在这些废墟中隐藏着人类曾经的文明，建筑就是这些文明中一颗璀璨的明珠。从这些史前建筑中，我们可以寻找到祖先的足迹，文明的开始。

洞穴——建筑的最早源头

洞与穴是人类建筑的源头，也是古代文明的载体，一个个神秘的山洞隐藏着无数让人浮想联翩的古代文明。现代考古研究发现：人类从旧石器时代开始有了定居的习惯。在遥远的古代，人类还不具备改造大自然的能力，大自然所提供的山洞就成为人类栖息的场所。山洞可以挡风遮雨、避暑御寒，逐渐成为孕育文明的温床。北京猿人化石以及其他很多猿人化石，包括迄今为止发现最早但身世未明的尼安德特人化石，都是在山洞中发现的。在山洞中发现的化石数量远远高于在平原以及其他地形中所发现的。因此，我们有理由相信至少从旧石器时代开始，山洞就是原始人居住的主要场所。

随着时代的车轮滚滚向前，人类文明也在不断进步。到了新石器时代，山洞不再是纯粹自然的产物，它更多地烙上了人类文明的印记。更为重要的是，人类开始有计划地改造山洞，有意识地经营自己的爱巢。法国等地一些山洞中所发现的原始人壁画就是其中最有名、最有力的证据。这些最原始的"装饰"里隐藏着人类最古老的文明。人类的创造力从无到有，逐步显现。

这些蕴涵着人类智慧和创造力、具有审美功能的山洞实现了本质的蜕变，它不再仅仅是一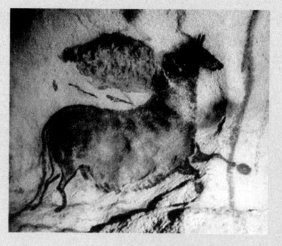
个庇护的场所，而成为人
与动物的分水岭。地球上
的绝大多数动物都有专属
于自己的巢穴，就连小小
的蚂蚁、蜜蜂、燕子等都
是如此，但它们不会装
饰自己的巢穴。审美意识
是超出生命本能的一种创
造，正是这种创造孕育出
了伟大的人类文明。

法国拉斯科山洞岩画

　　除此之外，这时的原始人类已经开始着手规划自己的生活。他们
从居住的山洞中划出特定的地方，赋予特别的功能。比如，有些特别的
壁画集中在山洞的深处；人的遗骨集中在山洞某个特定的坑中；而在山
洞的某些宽敞的地方常常会有用火的痕迹。所有的这些都说明这时的古
人已经将信仰（那些壁画应该是原始信仰的重要组成部分）、埋葬和日
常生活的地点区别开来，不同的活动会在山洞的不同地方举行。这是人
类最原始的"规划"。

　　人类在不断地创造着历史，文明也从来没有停止前进的脚步。人口
增多是捕猎和采集演变成农业和畜牧业的必然结果。人是增多了，但大
自然所提供的山洞的数量却不会改变，山洞不够用就成为切身问题。山
洞是死的，但人是活的。为了活下去，人们开始自己挖洞，真正属于人
类自己建造的"山洞"开始出现。与此同时，农业和畜牧业的出现使他
们彻底突破了地域的限制，生活地域不再仅仅局限在山区，平原或草原
都成为新的选择。他们挖的"山洞"就是地穴，其形状大多近似圆形，

两侧有通往地面的台阶，这就有点像中国北方过去常见的地窖。山洞是大自然赐予人类的神秘礼物，地穴才是真正属于我们自己的"人类建造"。

树枝棚——就地取材的高脚楼

与地穴相比，树枝棚在欧洲的史前建筑中更具代表性。其具体的建筑方法是将差不多高的树苗或树枝栽成圆圈，然后将树枝顶聚拢到一起，扎起来，棚的基本骨架就有了。然后用小树枝将骨架编成网状，再用植物树叶和动物毛皮铺出屋顶，一个密不透风的树枝"洞穴"就这样建成了。其形状很像一把撑开的油布伞。

环境对居住方式的决定性影响在下面的这个例子中体现得更为明显。有一年大旱，瑞士一个叫纳沙泰尔（Neuchatel）的小湖里的水被烤干了，湖底露了出来。湖底出现了木桩的痕迹，这令考古学家惊讶不已。这些木桩复原之后很像我们云南的高脚楼，不同的是它们被建在水上。湖边的地下水位一般都很高，不可能在这里挖地穴；并且离水源很近决定了他们以捕鱼为主的生活方式；所有这些也就决定了建筑的模式——水上"树枝棚"。

环境对建筑风格的影响巨大。古欧洲的大部分地区森林多，平原少，以畜牧业为主，在这样的地区用树木搭建棚子既简单又方便。树枝棚对于流动性很强的当地人来说实在是一个不错的选择。树枝棚易于搭建，但是它也有自身致命的弱点，那就是并不坚固，安全性较差。对于森林覆盖率相对较低，平原多，以农业为主，相对更加固定的先民来说，地穴就成为一种更好的选择，其使用时间也就更长一些。

迄今为止，最早的地穴发现在两河流域。两河流域是冲积平原，草本植物是主要的植被，木材稀少，地穴就成为他们居住的最好选择。在那里，地穴的使用不仅早，而且持续时间特别长。木制房屋在该地区很少见到，甚至可以说根本就没有，但泥土的丰富弥补了树木的匮乏，那里的人们正是利用丰富的泥土资源烧制出了砖。两河流域是最早发明砖的地区。

砖的发明极大地促进了建筑业的发展。人们用砖就能很方便地建

两河流域乌尔城附近的砖砌庙塔

西洋建筑

〇一三

造一个个牢固而温暖的空间。为了方便开挖，地穴常常被挖成圆形；砖出现以后，将房屋建成方形既便于规划，又充分地利用了土地资源。与地穴相比，用砖建成的房屋优势日渐明显。两河流域文明的用砖技术独步天下，这与其特殊的自然环境有着密切的关系。

在砖的使用和普及方面，两河流域比我们做得更好。虽然中国用砖的历史也很久远，但在从地穴到房屋的进化过程中，夯土（泥土夯实而成）起着更加重要的作用，我们更多地依赖于夯土和木材。这也与我们的居住环境有关，我国不仅拥有丰富的黄土资源，而且木材也不难找到。孟子说："舜发于畎亩之中，傅说举于版筑之间"，"版筑"指的就是夯土技术。可见，夯土技术在我国建筑中使用历史久远，应用广泛。直到解放初，甚至在当代，特别是在我国北部某些地区的偏远农村，还可以见到用夯土垒成的房屋。我国历代的宫殿也大都是在夯土基座上加上木结构建成的。

坚硬的石头——古老的欧洲石头建筑

建筑的安全性对于人类而言是至关重要的。因此，石头这种新型的、更加安全的建筑材料应运而生。现在英国索尔兹伯里（Salisbury）的大石阵（Stonehenge）是其中最早也是最为著名的石头建筑。

那块躺在两根立石上的巨大横石，对于建筑而言，是史无前例的。从洞到穴，再从穴到树枝棚，欧洲先民一直在直接利用或间接模仿大自然，但是这种用三块石头"创造"出来的结构在自然界中是找不到的。正是这种看似简单的结构成为了人类建筑的象征。在加工和利用石头方面，欧洲文明独具特色。如果说砖是两河流域建筑文明创

英国大石阵

造的神话，那么石头就是欧洲建筑文明中不朽的传奇。就安全性而言，石头最硬，最坚固，最难被破坏，砖次之，木头最差。这也是建筑遗迹中欧洲最多，中亚次之，中国最少的原因之一。我国著名的古建筑大多是木结构，一把火就能烧个精光。因此，木结构保存下来最为困难。我国现存最古老的砖结构建筑是汉代修建的，最古老的木结构建筑则属于晚唐。我们相信：在悠悠五千年的华夏文明中，肯定有与大石阵或金字塔相媲美的同时代的中国建筑，但大多未能保存下来。

　　任何事物的发展都是循序渐进的，不可能超越现实，建筑也一样。在欧洲，石头房屋是在树枝棚出现之后形成的一种新型建筑。最初出现的石头住房的外形与树枝棚非常相似，是对树枝棚的一种模仿。石头一圈圈地垒上去，石圈直径越往上就越小，最后合拢。石头的密度非常大，非常重，与树枝棚相比，石圈内部更需要一种支撑，于是欧洲先民们在内部建造了石墙，增强了稳定性。位于英国苏格兰路易斯（Lewis）镇的史前石屋就是其中典型的代表。

古埃及建筑

【不可思议的"奇迹"】

古埃及建筑
——不可思议的"奇迹"

埃及位于非洲北部尼罗河流域。公元前3500年左右形成上下埃及王国,公元前3200年前后初步统一,建立了古埃及王国。古埃及建筑的发展可分为四个时期,即古王国时期(约公元前3200~前2130)、中古王国时期(约公元前2130~前1580)、新王国时期(公元前1582~前332)和托勒密王朝时期(公元前332~前30)。

金字塔的建造

在古埃及王国时期,最伟大的、最完美的建筑物是金字塔。这些为死人建造的陵墓,随着人类对建筑空间的深入认识而变得越来越简单、有力,陵墓的形式从阶梯式逐渐发展到正四面体,其体积也越来越大。

金字塔是埃及的象征。巨大的金字塔经受住了时间与风沙的洗礼,几千年后依然屹立在这片土地上娓娓讲述着过往的故事。依据当时的科技水平,建造如此宏伟的建筑确实有点不可思议。因此,各种各样的有关建造金字塔的故事应运而生。在所有的说法中,外星人建造说最能激发人的想象力,也最为荒诞。

最初的时候,法老陵墓叫玛斯塔巴(Mastaba,原意是"凳子"),只是一个大平台,是模仿法老的平台形住房建造的。后来,法老们逐渐发现在平台上再加几层会更有气势和尊严。平台就这样一层又一层地被叠加上去,一直叠加到金字塔形制的最终形成。

在埃及，有一些比金字塔更古老的金字塔雏形也被比较完整地保留下来。建于公元前2778年的昭塞尔（Zoser）金字塔，是一座阶梯金字塔，是早期金字塔的典型代表。

达赫舒尔（Dahshur）金字塔，修建于公元前2723年，建造的年代比较早。我们可以清楚地看到在该金字塔的中下部有一个非常急剧的转变，上部收拢的速度明显比下部要快得多，也许当时发生了什么紧急的事情。其实，这种突变的原因在于最初设计时计算失误。如果按照底部的倾斜度垒建，倾斜角度太大，建造出来的金字塔非常陡峭，容易发生倒塌。

埃及地处狭长山谷中的冲积平原之上，平原地区对砖的使用更早、更普遍。埃及使用砖的历史也很久远，建筑一开始就是砖石混用的。与砖相比，石头非常坚硬，使用起来非常不方便，即使是现在加工石头也是一件非常麻烦的事。在生产力极为不发达的古王国时期，不论是法老还是平民的住宅都是用砖建造的。砖构建筑物与石头相比在留存方面就逊色很多，因此那时的砖构建筑物能保留至今的极少。古埃及人非常重视陵墓建筑，因为他们相信，只要保存好尸体，人是可以重生的。因此法老陵墓建筑较早也较多地应用了石头。用石头建成的金字塔经受住了时间和风沙的考验，至今屹立不倒。

随着法老权力的扩大，他们的野心越来越膨胀，金字塔也建造得越来越高、越来越雄伟。到了

早期的阶梯金字塔

吉萨金字塔群

第四王朝时期，大金字塔时代到来。如果完全用天然石料建造大金字塔，将巨大的石料搬运到施工地，再将石料加工得如刀削般精细，并将这些巨大的石料严丝合缝地垒起来，这确实有点不可思议。但是，现在已经有学者为我们提供了令人信服的解释：这些巨石不是天然的，而是用碎石、贝壳等材料人工合成的混凝土。果真如此，就可以就地取材，省去了搬运石料之苦，并且其形状也更易于控制。金字塔的表面铺有一层白色花岗岩，给人一种完全用白色花岗岩建造的错觉。位于开罗附近的吉萨（Giza）金字塔群，其顶部就有少量花岗岩残余。

方尖碑与神庙

埃及让世界惊叹的不光是金字塔，还有方尖碑（Obelisk）。这些方尖碑柱体方正挺拔，越往上越细，尖尖的顶部，远远看去，就像一把利剑刺向苍穹。方尖碑的高度与宽度比约为10∶1。所有的方尖碑都是用整块花岗岩雕刻而成的，有的高达50余米，有20层楼那么高。在遥远的古代，要立起如此高的建筑物，殊非易事。方尖碑实际上是一种记功柱，其表面刻满了记录功绩的象形文字。

后世西方建筑中，对金字塔和方尖碑的模仿非常少，而埃及神庙对后世的影响（尤其是对古希腊的神庙建筑）则非常深远。埃及神庙可以分为两大类：一类修建在平地上；另一类开凿在山体中。前者出现得较早，大都完全用巨大的石料建造而成。

神庙一般都修建得非常庞大，我们很难一窥全貌。日神荷鲁斯（Horus）神庙最前方是高大的塔门（Pylon），也是神庙的正门，巨大的梯形石墙中夹着矩形门洞，石墙上有巨型浮雕。塔门的后面是内院，内院是露天的，两侧有柱廊。内院后面是大厅，大厅空间很大，用成排的巨大石柱支撑着屋顶，因此也叫柱厅（Hypostyle Hall）。这些巨大的石柱不仅起着非常重要的支撑作用，而且使神庙看上去更加威严。构成屋顶的石料大小决定着柱子的间距，出于安全考虑和当时的技术限制，构成屋顶的石料都不是很大，因此巨大的石柱就密密麻麻地布满了大厅。

在所有的埃及神庙中，卡纳克（Karnak）的阿蒙（Ammon）神庙以其柱厅闻名于世，而其屋顶已经

卢克索方尖碑

卡纳克神庙

不复存在。该大厅长103米，宽52米，就在这样一个有限的空间里竟用了134根巨大石柱。可以想象，在只凭火把照明的大厅中这样一排巨大石柱所营造出的威严与神秘气息。在埃及所有的该类型的神庙中，这样的巨大石柱是不可缺少的。甚至可以说，没有这些巨大石柱的支撑就不能建成庞大的埃及神庙。这也从另一个侧面反映出当时的埃及人还无法超越对石柱的依赖，不会搭建一个宽阔的、没有柱子的室内空间。这个问题最终在古希腊罗马人那里得到了解决。

柱子形制理论是古埃及人为世界建筑做出的重大贡献。古埃及人频繁地使用柱子，因此形成了一套完整的柱子形制理论。柱高和柱径的比、柱径和柱间距离的比等就是他们首先尝试并确定下来的。这为古希腊神庙建筑的柱式结构提供了不小的启示，并且在现代建筑兴起之前，

希腊柱式结构成为每个建筑师的圣经。古埃及神庙中最常用的柱形被赋予了不同的象征意义：莲花式象征着尼罗河上游的上埃及，纸草式象征着下埃及。这种象征意义对后世影响也不小。

　　后来，从山体上开凿出来的神庙开始出现，并流行起来。其中，以阿布辛贝（Abu Simbel）的阿蒙神庙最为著名。四个巨大的神像被开凿出来，通过裸露在外面的塔门，夏至时日光可以从门口穿过内院与柱厅，直射到最里面的密室。由于是从山的侧面挖进去的，内院、柱厅和密室全在山的内部，就不需要那么多的柱子来保证安全，神庙大厅的空间就有了保障。后来，在尼罗河上修建阿斯旺大坝时，阿布辛贝的阿蒙神庙不得不进行搬迁。山一样大的神庙，在保证原貌的前提下进行搬迁是一项极其艰巨的任务。鉴于该神庙是古埃及留给世界的珍贵遗产，埃及政府非常重视，世界各国也积极伸出援助之手。在国际合作的基础上，该神庙最终在1980年成功实现了搬迁。

阿布辛贝神庙

除了金字塔、方尖碑和神庙之外，"国王谷"与"王后谷"是古埃及留给世界的又一个惊喜。图坦卡蒙（Tutankhamun）墓就是在这里被发现的，它也是20世纪最惊人的考古发现之一。金字塔式陵墓建筑渐渐发展到了极致，金字塔已经足够巨大，法老逐渐意识到建造如此雄伟的金字塔太铺张浪费，并且建造金字塔也没有多少新意。于是在山谷中挖山成陵的方式逐渐流行起来。这种陵墓风格与山体神庙非常相似，其总体样式仍然是柱廊和内部密室。

阅读分享　趣味测评　图文资讯　拓展视频　微信扫码

古代西亚建筑

【传说和遗迹中的建筑奇观】

古代西亚建筑

——传说和遗迹中的建筑奇观

与古埃及建筑一样，古西亚建筑也是人类文明史上的一个奇迹，这里不仅有传说中的空中花园，还有宏伟的巴别塔，它们都是建筑史上的神话。这些建筑的形成与砖的发明和拱结构的出现有着密切的关系。

空中花园和巴别塔

在古代建筑史上，能与埃及金字塔比肩者可谓凤毛麟角。巴比伦的"空中花园"便是其中之一。甚至可以说，"空中花园"是古代西亚建筑的代表。可惜的是，经过时间与战火的洗礼，这个"奇迹"已经不复存在了，我们只能通过一些书本的介绍和断壁残垣来想象它曾经

油画中的巴别塔

的模样。然而在古代传说中有一个建筑比"空中花园"更有名，那就是"巴别塔"（Babel Tower）。《圣经》里说该塔原本要一直造到天上，上帝一夜间让人类语言不通才破坏了原计划。到目前为止，"空中花园"和"巴别塔"的遗址都还没有找

到，但可以肯定的是，它们都属于庙塔（Ziggurat）——西亚特有的一种古老的建筑样式。也有学者认为，所谓的"巴别塔"其实并不存在，只是犹太人被掳到巴比伦时，见到宏伟的庙塔之后，惊叹其成就，在传说的过程中又被无限地夸大的建筑的代称。

从外观上看，庙塔与最初的阶梯形金字塔非常相似。它是在四方的平台上依次修建3~6层渐次缩小的平台。在庙塔的正面或侧面一般都建有可以拾级而上的漫长坡道。平台最上面的一层地位最高，是神庙或宫殿。因为用砖建造而成，完整的庙塔现在不可能再见到了，它们都灰飞烟灭于时间与战火中，最多只留下一些残存的遗址和断砖残片。如今，我们只能通过一些复原图来欣赏庙塔的风姿。其中，"空中花园"的灌溉系统一直是后人关注的焦点。其实，只要了解了庙塔的结构，不难想象：灌溉问题通过分级抽水就能实现。

拱券——古西亚建筑的遗产

毫无疑问，在西亚的民族建筑中，庙塔是他们值得骄傲的建筑形式，因为它可以与埃及的金字塔相提并论。但埃及的建筑严格地遵守着统一的布局形式，即使是修建时间长达12世纪左右的卡纳克的阿蒙神庙也不例外。相比之下，西亚的萨尔贡宫的布局就没有章法，分布杂乱。

在西亚地区，亚述王萨尔贡（Sargon）是一个传奇人物，约公元前8世纪他通过铁腕统治建立起了强大的铁血王朝。亚述王大兴土木，建造了富丽堂皇的宫殿。整个宫墙都用彩色琉璃面砖装饰起来。在金碧辉煌的萨尔贡宫中有一个人首牛身的怪兽，长着五条腿，背上还有一双翅膀。也许它像中国的龙一样，只是一个活在人们想象中的动物，但它一定有着不同寻常的含义。

亚述萨尔贡皇帝二世的宫殿布局图

与埃及人一样，古西亚人也不太会处理建筑中的大跨度空间问题，所以王宫中最大的房间跨度也不超过10米。

拱是亚述人的一个伟大创造。拱，是两竖一横支撑结构的延伸和发展，梁柱结构是拱的学名。拱的出现解决了长久以来困扰着古埃及人的大跨度室内空间问题。如果大量地使用柱子支撑，就会浪费大量的空间。

拱（又叫券），主要可以分为两种：叠涩拱（Corbel Arch）和真拱（True Arch or Voussoir Arch）。叠涩拱是渐次接近的两排砖的系列，按其对称轴旋转形成的三维空间结构就叫叠涩穹隆。叠涩拱比较简单，出现得也较早，欧洲最早出现的石头屋就是一种简单的叠涩穹隆结构。悬空的两排砖起着主要的支撑作用；砖的强度（坚硬程度）与黏合程度决定着拱所能承受的重量；这两排砖向下排得越远，叠涩拱下方的空间也

巴黎卢浮宫收藏的原属于萨尔贡二世王宫的翼牛人首兽

就越宽阔。

与叠涩拱相比，真拱出现得较晚，也更加复杂。组成真拱的砖不像叠涩拱那样是方形的，而是整体构成了一个圆环。叠涩拱是一段曲曲折折的线，而真拱则是一段弧线，而且构成真拱的黏合线不像叠涩拱那样是平行线，而是放射线。组成真拱的砖甚至根本不用黏合，因为建筑物本身的重量已经将这些砖紧紧地压在了一起。拱能把它上面的重量按弧形传递到最下面的两块砖上。

对于叠涩拱来说，砖的黏合非常重要，如果黏合不好很容易发生倒塌。在真拱中却不存在这个问题，并且真拱所能承受的重量更大，支撑出的空间比叠涩拱更宽阔。

从萨尔贡宫的遗迹我们可以看出：亚述人确实已经发明了叠涩拱，并且他们也用砖砌出了真拱的样子，只是他们使用的砖仍然是方的。远古的西亚民族非常好战。公元前5世纪左右，波斯王大流士（Darius）和薛西斯（Xerxes）父子将战火一直烧到希腊。他们模仿埃及神庙建立了自己的宫殿，宫殿中有门楼、柱厅，但没有拱，布局仍然杂乱。也许是战争使他们忘记了真正属于自己的文明。

巴比伦城也是西亚建筑中一道亮丽的风景。建于公元前7世纪~前6世纪的新巴比伦王国是亚述和波斯之间的一个王朝。巴比伦城是其首都。欧洲伟大的历史学家希罗多德（Herodotus，公元前484~前425）曾经为该城惊叹不已。复原后的伊施塔门（Ishtar Gate）呈矩形，根本没有用拱搭门，明显有模仿埃及门楼的痕迹。门楣上面用玻璃砖拼出的各种各样的神兽图案，属于古巴比伦人自己的创造。在巴格达的博物馆中曾经存有伊施塔门上的琉璃砖残片。据说，在2003年美伊战争中，这些玻璃砖残片不知去向。

古希腊建筑

【古老的"神话"】

古希腊建筑

古希腊的文化，是欧洲文化的源泉与宝库；古希腊的建筑艺术，则是欧洲建筑艺术的先驱与精华。谈西方建筑及其风格，就不能不谈古希腊的建筑风格。古希腊建筑风格的特点主要是和谐、完美、崇高，而古希腊神庙建筑则是这些风格特点的集中体现。

古老的希腊建筑

古希腊建筑受埃及、西亚的影响最大。这从英国人伊文思爵士（Sir Arthur Evans，1851～1941）发现的米诺斯（Minos）遗址和德国人谢里曼（Heinrich Schliemann，1822～1890）发现的迈锡尼（Mycenae）遗址中可以清楚地看到：这里的房间一般都不大，宫殿内院与古埃及神庙中的内院非常相似，也是用柱廊围起来的。这些建筑的总体布局与西亚建筑相类似，没有合理的布局，分布杂乱。在这些建筑中石头被大量地使用，这可能与当地石头资源非常丰富有关。这些建筑格局的杂乱在克里特岛上的米诺斯"迷宫"中体现得最为明显。宫殿内部房间的杂乱也是米诺斯"迷宫"神话形成的缘由。

位于希腊大陆的迈锡尼文明，可追溯到公元前2200年。根据荷马史诗记载，公元前12世纪初，迈锡尼国王阿伽门农率领希腊联军去攻打特洛伊。虽然希腊军队最终取得了胜利，但国力受到大大削弱。战后阿伽门农回国途中，遭妻子的情夫艾奎斯托斯杀害。据说，阿伽门农所积累的财富和他一起被埋葬在迈锡尼城附近，那是一座"黄金遍地、建筑巍峨"的都城。

19世纪80年代，德国考古学家谢里曼多次发掘遗址，发现了城堡、皇宫、竖坑墓穴和蜂窝式墓葬等。城堡坐落在一个三角形的小山丘上，约建于公元前1350~前1330年，城墙保存完好，按山岩高低取平，其高度一般在4.5~10.5米之间，最高处达16.8米，厚度3~13.8米不等，全部采用雕凿成长方形的巨石为材料。位于西北角的"狮子门"，由3.15米高的独石建成门柱，上覆以4.5×1.95米的矩形独石门楣。门楣之上又有高3米镌刻两头雄狮的浮雕，"狮子门"因此得名。迈锡尼"狮子门"被看作是人类雕刻史上的杰作，但从建筑的角度来看，"狮子门"只是一个普通的叠涩拱。

城堡内的建筑，以当年迈锡尼国王的皇宫为主体，有卫室、回廊、门厅、接待室、前厅、御座厅等。皇宫内的主厅长12.6米，宽11.7

克里特岛上的米诺斯"迷宫"

米，中心设有圣火坛以及包括用红灰泥建成的浴室在内的小室（据说当年阿伽门农被害于此室内）等皇族宫寝和神庙等。

在城墙之南，还发现了建于公元前1300年的"阿特柔斯宝库"。阿特

狮子门近景

柔斯是迈锡尼王，阿伽门农的父亲。相传"阿特柔斯宝库"就是阿特柔斯父子埋藏财宝的地方。"阿特柔斯宝库"里不仅有无数的珍宝和未解之谜，更有让人震惊的建筑。迈锡尼诸王的6座陵墓，是一个内空的叠涩穹隆结构。它位于距"狮子门"西南约500米的一个山谷中，一条35米长的石头长廊通向这座传奇式坟墓的入口。长廊用石块精工垒砌，犹如两堵石墙。走廊的尽头是一个由巨石砌成的门，门的结构同"狮子门"相似，上面为三角形，下面为长方形，之间用重约100吨的巨石横梁隔开，这块巨石长8米，宽5米，高1.2米，比"狮子门"的横梁还重80吨。整个石门棱角分明，令人赞叹。

古希腊神庙的兴建

早期的希腊建筑秉承了欧洲传统，大量地使用石头，这与当地盛产石头有直接的关系。古希腊人对石头的使用非常成功，已经能够处理重达120吨的巨石。后世的罗马旅行家鲍桑尼阿斯（Pausanias）在其《游记》中用"巨人"来解释这些石头城堡的建造过程。可惜的是，关于这些建筑的建造方法已经失传了。

多立安人（组成后来的希腊民族的三支中的一支）入主希腊后，将米诺斯文明和迈锡尼文明毁灭殆尽。当文明的希腊人从噩梦中醒来时，300年的光阴已经悄然而逝。后人将这段文化上的空白称为"黑暗时代"。

文明是永远不可能被消灭的。一种文明的消失可能预示着另一种文明的孕育、诞生。最富希腊特色的建筑正是从这个时候开始萌芽的。

迄今为止，已知最早的希腊神庙是约公元前800年建于亚哥斯（Argos）的赫拉（Hera）神庙。类似的建筑形制可追溯到"黑暗时代"以前。公元前1300年建造的提林斯（Tiryns）卫城的迈加隆厅（Megaron）就采用了类似的形制：正面由柱子支撑着门廊，上面是三角形的斜屋顶。柱子支撑着的门廊可能受埃及建筑的影响，而这三角形的斜屋顶最为特殊。米诺斯、迈锡尼的房屋屋顶都是平的，提林斯的屋顶为什么变成了三角形？有人认为，这可能是为了让雨水更容易流下来。

神庙从无到有，从小到大。到了古典时代（约公元前6～前4世纪），神庙的形制渐渐固定。门廊把整个神庙都围了起来，柱子的数量和形制也渐渐定型。神庙内部主要分为两部分：前半部分是大厅，通常用于安放巨大的神像；后半部分是密室和祭坛。这与埃及神庙的结构有点相似。装饰的区域及雕刻的纹饰也相对固定下来。神庙的装饰主要集中在山墙（屋顶下在两个侧面上的三角形区域）、檐壁（柱子顶端到屋顶之间的区域）和檐壁内侧。山墙上的装饰

伊瑞克提翁神庙的女像柱

称为山花（pediment），一般是一组神像；檐壁的装饰称为排档间饰（metope），一般是深浮雕；檐壁内侧的装饰称为中楣（frieze），一般为浅浮雕。山花和排档间饰一般用来表现神的功绩，中楣则表现人。这些纹饰的主要表现形式就是雕刻，而建筑物成为古希腊雕刻艺术的主要载体之一。

古希腊的柱式与神庙建筑

古希腊的"柱式"，不仅仅是一种建筑部件的形式，而且是一种建筑规范和风格。其特点是，追求建筑的檐部（包括额枋、檐壁、檐口）及柱子（柱础、柱身、柱头）的严格和谐的比例和以人为尺度的造型格式。古希腊最典型、最辉煌，也最意味深长的柱式主要有三种：多立克柱式（Doric Order）、爱奥尼柱式（Ionic Order）和科林斯柱式（Corinthian Order）。在奥古斯都（Augustus）时代，罗马一位叫维特鲁威（Vitruvius）的建筑师编撰完成了《建筑十书》。这本书不仅记载着三种主要的希腊柱式，还记载着很多现在已经失传的建筑方法。

从外在形体看，三种柱式各有特点，多立克的柱头是简单而刚挺的倒立圆锥台，柱身凹槽相交成锋利的棱角，没有柱础，雄壮的柱身从台面上拔地而起，柱子的收分和卷杀十分明显，透着男性体态的刚劲雄健之美。爱奥尼式柱形体修长、端丽，柱头则带婀娜潇洒的两个涡卷，尽展女性体态的清秀柔和之美。科林斯式柱的柱身与爱奥尼式相似，柱头则更为华丽，形如倒钟，四周饰以锯齿状叶片，宛如满盛卷草的花篮。

从比例与规范来看，多立克式柱的柱高一般为底径的4～6倍，檐部高度约为整个柱子的1/4，而柱子之间的距离，大都为柱子直径的1.2～1.5倍，十分协调、规整而完美。爱奥尼式柱，柱高一般为底径的

9～10倍，檐部高度约为整个柱式的1/5，柱子之间的距离约为柱子直径的2倍，十分有序而和美。科林斯式柱，在比例、规范上与爱奥尼式相似。

建筑十书

建于公元前447～前438年，位于希腊首都雅典的卫城帕提侬神庙（Parthnon），是古希腊雕刻与建筑艺术的杰出代表。该神庙主要用来祭祀雅典和希腊人最喜爱的女神——雅典护城神雅典娜·帕提侬。虽然帕提侬神庙是多立克式的代表建筑，但是由于该神庙供奉的是女神雅典娜，其内部密室用的是爱奥尼亚式柱。

修建于公元前5世纪的伊瑞克提翁神庙（Erechtheion），是爱奥尼亚式的代表建筑，与帕提侬神庙共同屹立在雅典卫城的山顶，俯瞰着这座古老而文明的城市。在这座神庙的南端就是举世闻名的女像柱。这些

雅典卫城帕提侬神庙

女像柱做得实在太完美了，很难说清是这座神庙成就了这些女像柱，还是这些女像柱成就了这座神庙。可以想象一下：遥远的古代，在雅典卫城的山顶上，两座伟大而完美的神庙相互映衬着，一个充满着男人的阳刚，一个洋溢着女人的秀美。

科林斯式的神庙现在已经不存在了。公元前4世纪的一个名不见经传的音乐家吕西克拉特（Lysicrates）为纪念自己在音乐比赛中所取得的胜利，修建了一个纪念亭。通过这个纪念亭，我们可以窥到一些有关科林斯式建筑的风采。

以弗所（Ephsus）的阿耳忒弥斯（Artemis，狄安娜，月神）神庙，是世界七大奇迹之一，现在只残留下了几根科林斯式的柱头。该神庙地基的建造日期可追溯到公元前7世纪。该大理石神庙由吕底亚国王克里萨斯出资筹建，由希腊著名的建筑学家车西夫若恩（Chersiphron）设计。神庙中装饰着由当时技艺最精湛的艺术家菲底亚斯（Pheidias）、坡留克来妥斯（Polycleitus）和克列休拉斯（Kresilas）所塑的青铜雕像。

阿耳忒弥斯神庙建成以后，各地的君王、商人、旅游者和工匠等纷纷来到月神庙朝圣，并将自己的"宝贝"贡献给女神。最近，考古工作者在神庙旧址发掘出各种各样的贡品，其中包括黄金和象牙做成的阿耳忒弥斯的小

雅典的阿塔洛司（Stoa of Attalos）柱廊

雕像、耳环、手镯和项链等，甚至有来自波斯和印度的古器。

公元前356年7月21日夜，一个名叫希罗斯特图斯的人为了使自己扬名，放火焚毁了神庙。亚历山大大帝征服小亚细亚时，帮助重建神庙。公元262年，神庙又遭到哥特人的毁坏，以弗所人发誓要重建它。但到了公元4世纪，以弗所人大都转信基督教，神庙也就失去了它原有的宗教魅力。公元401年，圣·约翰·克里索斯下令拆除阿耳忒弥斯神庙，此后以弗所也遭废弃。直到19世纪末，神庙的旧址才被挖掘出来。

现代考古发现，古希腊人确实已经掌握了真拱技术。但他们好像对梁柱结构有着特殊的喜好，继续用它建造神庙。要使用梁柱结构，神庙内部空间的支撑问题必须解决，必须想办法减少屋顶的重量。古希腊人选择用木材建造屋顶。考古发掘表明：原始的希腊神庙全部是用木头建造的。木头很容易腐烂，尤其是柱子腐烂得更快，石头渐渐取代了木头。

柱廊与剧场

除了神庙之外，柱廊和剧场在古希腊建筑中也很有名。柱廊最早产生在埃及，但雅典柱廊的名气却远远胜过埃及。古希腊人在市民生活场所（广场中）的边上建起了宏伟的柱廊。后来，由柱廊围成的广场就成了罗马时代各个城市"商业街"的标志性建筑。著名的哲学流派斯多葛派（Stoics）就是因为经常在柱廊下讲学而得名"廊下派"。

戏剧在古希腊人的文化生活中起着非常重要的作用，剧场既是戏剧的载体，又是建筑的一种表现形式。古希腊的三大悲剧家和喜剧之父将古希腊戏剧艺术推向高峰，但当时演出他们戏剧的剧场并不大。在他们死后100年左右的时间里，修建在山谷中的酒神剧场将古希腊的剧场建筑推向顶峰。这个现存最著名的剧场位于雅典卫城的南山坡，大约可容纳1.4～1.8万名观众。观众座位的下方埋了无数个大缸，其作用是引起共鸣，以便使后排的观众能听清台词。在《建筑十书》中，维特鲁威就用了相当的篇幅讲述这些缸是如何布置的。在该剧场舞台的下方甚至还布置了可以升降的平台，这可能是为欧里庇得斯（Euripides）戏剧中"神灵突现"时准备的。

阅读 趣味 图文 拓展
分享 测评 资讯 视频
微信扫码

古罗马建筑

【宏大的"史诗"】

古罗马建筑

——宏大的"史诗"

希腊与罗马虽然离得很近，但古罗马人与古希腊人却有着很大的区别。古罗马人更理智，但缺少激情，是"实用主义者"，他们在哲学和文学方面的造诣不能与古希腊人相提并论，但在法律、军事等方面却比古希腊人更胜一筹。古罗马人缺乏创造力，但他们非常喜欢学习，非常注重"规范化"。因此，古罗马人使西方建筑更加成熟。古罗马的神庙、大角斗场、水道工程、广场、公共浴场等都是他们为世界创造出的建筑精品。

拱的创新

对拱的创新和广泛应用是古罗马人为世界建筑做出的第一个重大贡献，拱的大规模应用是古罗马建筑的重要特色。拱在古西亚建筑中就已经出现，而真拱在古希腊的一些小建筑中也已经开始运用，但直到罗马建筑逐渐兴起，拱形结构才流行开来。古罗马人不仅广泛地运用了真拱，而且创造了更实用的筒拱、更富有新意的十字拱。实际上，十字拱就是两个筒拱垂直交叉，其交叉的部分叫作"棱"。穹隆结构是古人营造三维空间常用的方法，在古罗马人发明筒拱、十字拱之前，它几乎是唯一的选择。与穹隆相比，筒拱、十字拱建造起来更容易、更方便。因此，筒拱与十字拱的发明和大规模应用是建筑史上的一大进步。

　　在"信仰"流行的古代，神庙是非常重要的建筑，古罗马也一样，并且古罗马人非常谦逊地向古希腊人学习神庙建筑技术。位于法国尼姆（Nimes）的卡利神殿（Maison Carree）建造于公元前1世纪奥古斯都大帝（Auguste）时代，是目前发现的保存最完好的古罗马神庙。神殿柱廊的柱子精雕细刻，林立在古代集会的广场旁边。古罗马人学习古希腊神庙建筑的细致程度，透过该神庙可窥见一斑。

　　建于公元2世纪的万神庙（Pantheon）是世界建筑史上的一大奇迹，在19世纪以前它一直保持着一个记录：世界上空间跨度最大的建筑。将这样一项世界纪录保持了约1700年殊非易事。万神庙的最大成就在于其巨大的穹隆结构，直径为43.3米的穹隆屋顶，没有一根柱子，坐落在直径相同的圆形墙上，墙的高度恰好是穹隆顶直径的一半。为了建造这个硕大无比的穹隆，罗马人运用了各种技术：穹隆越接近顶部厚度越小；构成顶部的是坚固但重量轻的混凝土砖（主要成分是火山灰）；穹隆顶部开了一个直径8米多的天窗，既减轻穹隆的重量，又解决了照明问题（天窗是庙内唯一的光源）；穹隆内部每个神龛后面其实都有一个拱来承担并传递重量；为了解决真拱对支撑墙的外推作用，古罗马人将穹隆下面那圈支

罗马万神庙穹顶内部

撑墙造得非常厚实。

　　万神庙迄今为止，虽然经过多次修缮，但古今相比仍无多大变化，地板的图案依然如故，穹顶四周天花的方格也清晰地保存了下来。这是继希腊神庙后神庙建筑的又一重大发展，充分利用拱形结构是其特点。

大角斗场

　　建于公元1世纪的罗马大角斗场（Colosseo）以其宏伟的规模和斗兽的血腥闻名世界，在世界建筑史上占有特殊的地位。大角斗场建在臭名昭著的罗马皇帝尼禄的"金宫"（Domus Aurea）原址之上。大角斗

罗马大角斗场

场是古罗马举行人兽表演的地方，角斗士要与一只牲畜搏斗直到一方死亡为止，也有人与人之间的搏斗。根据罗马史学家狄奥·卡西乌斯（Dio Cassius）记载，大角斗场建成时罗马人举行了为期100天的庆祝活动。

大角斗场平面为椭圆形，长轴188米，短轴156米，中央的"表演区"长轴86米，短轴54米，可容纳约5万名狂热的观众。角斗场的外墙共分四层，每层都由一系列柱子分隔成许多单元。这些柱子（又叫3/4柱）只是从后面的墙上突出来而已，并没有离开墙，是墙的一部分，是一种装饰，真正起承重作用的是那些拱券。

公元217年大角斗场遭雷击引起大火，部分遭毁坏，238年被修复，继续举行人兽搏斗表演，直到公元523年这样的活动才被完全禁止。公元442和508年发生的两次强烈地震对大角斗场结构本身造成了严重的损坏，中世纪时该建筑物并没有受到任何保护，因此损坏程度进一步加剧，后来干脆被用作碉堡。15世纪时教廷为了建造教堂和枢密院，拆除了大角斗场的部分石料。1749年罗马教廷以早年有基督徒在此殉难为由宣布大角斗场为圣地，对其进行保护。

凯旋门

公元1世纪的罗马作家佩特洛尼乌斯（GaiusPetronius，？～66）写道："整个世界在战无不胜的罗马人的掌中。他们占有陆地、海洋和天空，但并不满足。他们的船满载沉重的货物，破浪航行。如果有僻远隐蔽的海湾，有不为人知的大陆，胆敢运出金子，那么，它就是敌人，命运就会给它布下一场为夺取财富而进行的屠杀。"当时的古罗马军队几乎是战无不胜的。凯旋门就是为了炫耀战争胜利而修建的。

君士坦丁凯旋门（Arch Of Constantine）

凯旋门（Triumphal Arch）是古罗马人的又一伟大创造。其典型形制是，方方的立面，高高的基座和女儿墙，3开间的券柱式，中央1间券洞高大宽阔，两侧的开间较小，券洞矮，上面设浮雕。女儿墙上刻着铭文，女儿墙头，有象征胜利和光荣的青铜马车。门洞里两侧墙上刻着主题浮雕。罗马城里的赛维鲁斯凯旋门（Arch of Septimius Severus，204）和君士坦丁凯旋门（Arch Of Constantine，312）是其杰出代表。

君士坦丁凯旋门（Arch of Constantine）是现存凯旋门中最大的一个，其中央是一个大拱，两侧是两个小拱，三个拱除了大小不同，其他完全一致。而两个小拱的拱顶正好是中央大拱的起拱处。四根同样的科林斯式柱（罗马人似乎偏爱科林斯式），既把三个拱分割开来，又把它们融合在一起。拱的上方，为了避免显得太平淡，又有一排可供雕刻铭文的石壁，四根柱子的顶端也正好可以放置雕像。文艺复兴时的建筑师经常使用这种aAa结构，称之为"凯旋门母题"。

拿破仑帝国时代，法国仿照罗马帝国的凯旋门，修建了今天的星形广场凯旋门（也称雄狮凯旋门）。

公共建筑

罗马人是理性的，他们做事有条理，并且注重规范。罗马的广场（Forum）就是这种性格的最好体现。虽然在古罗马人之前古希腊人就已经修建了带柱廊的广场（Agora），但还不够规范。古罗马人真正开始整体地规划和安排一个城市的布局，他们以广场为中心，对庙宇、房屋、道路等民用建筑进行全面规划。"条条大道通罗马"是一条众所周知的谚语，这正是当时罗马交通状况的真实写照。帝国时期，为了能够快速调动军队，统治者从罗马修建了可通行各省的"国家大道"。

古罗马人非常讲卫生。遥远的古代，在大部分民族还不懂得讲卫生的时候，古罗马人已经开始为解决卫生、供水问题而大兴土木了。其中最著名的就是罗马的水道工程和公共浴场。罗马的水道工程（Aqueduct）非常宏伟，连拱的水道不仅高大，而且具有节奏感。

洗澡是古罗马人的主要活动之一，浴场是洗澡的主要场所，因此成就了罗马的另一建筑杰作——公共浴场。卡拉卡拉浴场是所有浴场中最有名的，该浴场由罗马皇帝卡拉卡拉（Caracalla）于公元200年左右下令修建完成。洗热水浴的大厅是一个大穹隆，洗温水浴的中央大厅用三个连续的十字拱撑起了一个没有柱子的空间。卡拉卡拉浴场使用了几个世纪，直到公元6世纪哥特人的入侵破坏了城里的沟渠，浴场才遭废弃。

古罗马人去公共浴场不单单是为了洗澡，更重要的是为了享乐。

除了洗澡之外，人们还在浴场里举行很多活动。浴场里不仅有艺术馆、画廊、室内体操室、花园、图书馆、会议室、演讲台，还有卖饮料和食品的小商店。古罗马曾经有一个比卡拉卡拉更大的公共浴场，那就是戴克里先浴场，后来被改建成了教堂。

阅读分享　趣味测评　图文资讯　拓展视频

微信扫码

基督教早期建筑

【初生的教堂】

基督教早期建筑

公元4世纪之前的古希腊、古罗马创造了西方文化的辉煌，不管是文学、哲学，还是艺术（包括建筑）都达到了历史的高峰。公元4世纪时罗马帝国进入了基督教时代，信仰完全控制了思想，当时的基督徒相信上帝随时可能重新降临，天堂之门随时都可能打开，他们对尘世间的万物似乎不再在乎。这时的建筑，与西方其他艺术形式一样，进入停滞时期，但有一种建筑除外，那就是教堂。

厅堂式

公元2世纪图拉真（Trajan）皇帝建造的厅堂是厅堂建筑中最为有名的一个，也是现存两个最大的厅堂之一。厅堂的主体是一个长方形的大厅，内部由两排柱子纵分为三部分。中间的部分叫中厅（Nave），是厅堂的主体，不仅宽，而且高；而其两翼部分叫侧廊（Aisle），窄而矮。厅堂的横截面呈"山"字形。在大厅的两头或者一头，有一个半圆形的龛（Apse）。

在基督教时代到来之前，厅堂建筑就已经存在了，只不过那时的厅堂主要用作法庭、市场或者会场，而龛的位置是留给法官或会议主持人的，厅堂里面没有造价昂贵的穹隆或者精巧的十字拱，而是采用简单的梁柱结构（标准的科林斯式柱加木屋顶）。

当时的基督教刚刚成形，基督教徒的地位也大都比较低，因此看上去极其普通的厅堂正好符合他们的口味，并且厅堂内部空间非常宽阔，传教士可以在这里聚众传教。原来法官或主持人的位子就换成了主教，渐渐地，厅堂演变为传教场所。最早的基督教堂就是在厅堂的基础上改建而成的，因此厅堂的形制也就部分决定了教堂的样式。这种由厅堂改建或者模仿厅堂修建的早期教堂被称为厅堂式教堂。

图拉真厅堂复原图

在所有的厅堂式教堂中，老圣彼得（St. Peter）教堂非常有名，这里是罗马主教（后来的教皇）的御座所在地，是天主教中心。公元4世纪君士坦丁大帝承认基督教，为纪念使徒彼得，建造了这座小教堂。12个世纪后，老圣彼得教堂被拆，在其原址建造起了新的梵蒂冈圣彼得（St. Peter）大教堂，该教堂保留了典型的"山"字形截面。

现存最早、最有名的厅堂式教堂是建于公元330年的圣诞大教堂（Nativity Church），修建在巴勒斯坦耶稣降生处的原址上，它是由最早皈依基督教的皇帝君士坦丁（Constantine）下令建造的。

集中式与十字式

早期的基督教教堂建筑除了厅堂式之外，还有集中式与十字式教堂。集中式教堂与厅堂式教堂最主要的区别在于：厅堂式教堂的大厅是长方形的，而集中式教堂的大厅是圆形的，并且其中央部分是一个大穹隆。现存最有名的集中式教堂是罗马的圣·康斯坦齐亚（St. Constanza）教堂。该教堂是13世纪在君士坦丁女儿的墓上改建的，其内部用12对柱子支撑着一个跨度为12米的穹隆。大多数集中式教堂是用来瞻仰圣徒遗物的，而不是用于聚众受教，这也是集中式教堂与厅堂式教堂的一个重要区别。

十字式教堂的布局既不是方形的，也不是圆形的，而是十字形的。这种布局可能与基督教徒对十字架的崇拜有关。十字式教堂的大厅仍然以穹隆为主体，大厅四周有四个矮矮的"翼廊"（Wing）。在罗马帝国的东部四个翼廊大小一样；在帝国西部则有一个翼廊稍长，后世分别称之为"希腊十字"和"拉丁十字"。

建于公元5世纪的普拉奇迪亚（Galla Placidia）教堂是现存最早的十字式教堂。该教堂位于罗马，从外部看上去似乎应该是方形中厅，里面却是一个直径约3米的穹隆。

公元5世纪，曾经辉煌无比的西罗马帝国逐渐堕落，为野蛮的西哥特人所灭。欧洲的大部分地区陷入长达3~4个世纪的文明黑暗之中，在这段时间内欧洲（特别是西欧）的建筑几乎没有什么特别的发展。罗马城中的许多建筑逐渐荒废了，有的甚至变成了采石场。

罗马的圣·康斯坦齐亚（Santa Costanza）教堂

拜占庭建筑

【宗教精神的高度体现】

拜占庭建筑

——宗教精神的高度体现

西罗马帝国灭亡以后，以君士坦丁堡为首都的东罗马帝国局势依然稳定，并且一直延续到15世纪。也就是说，在西罗马帝国灭亡之后，东罗马帝国又继续存在了大约1000年。东罗马帝国信仰东正教（又叫希腊正教），对传统文化比较宽容，所以文明仍然延续着，虽然已经失去了原有的创造力，但经过1000多年的发展，该地区的建筑逐渐形成了自己的特色，建筑史上称之为拜占庭时期。

内角拱和帆拱

教堂也是拜占庭建筑的杰出代表。在罗马帝国三种早期教堂形式（厅堂式、集中式和十字式）的基础上，拜占庭人形成了自己的建筑风格。"内角拱"（Squinch）和"帆拱"（Pendentive）是他们创造出的新的拱形结构。

拜占庭人对穹隆结构格外钟情。原来的十字式教堂上的穹隆普遍较小，他们就加大穹隆的跨度。厅堂式教堂的中厅是长方形的，十字式教堂的中厅也多是方形的，怎样将一个半圆的穹隆放到一个方形厅上，是他们必须解决的问题。"内角拱"和"帆拱"就是为解决这个问题而发明的。

土耳其伊斯坦布尔的圣索菲亚（St. Sophia）大教堂，不仅是东正教的中心教堂，拜占庭建筑最光辉的代表，也是拜占庭帝国极盛时代的纪念碑。它修建于公元6世纪，东西长77米，南北长71米，布局属于穹隆覆盖的巴西利卡式（Basilica，厅堂）。中央穹隆突出，其四面体量相仿但有所侧重，前面有一个大院子，正南入口有两道门庭，末端有半圆神龛。

中央大穹隆，直径约33米，穹顶离地约60米，通过四个帆拱传递到四个大柱墩上。由于柱墩毕竟是分离的，也不能造得太厚，以免影响中厅内部的空间，因此，如何平衡穹隆施加的外推力成为最大的问题。设计者非常聪明，他们在大穹隆的两侧加了两个小一些的穹隆来分担大穹隆的重量，再加上帆拱、柱墩来撑住小穹隆。并且在厅堂内部、外部他们还使用了大量的拱来承重。这样一座层峦叠嶂的建筑物本身就已经具有了非常强烈的艺术美感。

圣索菲亚大教堂不仅外形富于变化，而且其内部空间也丰富多变，穹隆之下，大小空间前后上下相互渗透，穹隆底部紧密排列着一圈40个窗洞，光线射入时形成幻影，使大穹隆显得更加轻灵高拔。教堂内部装饰着有金底的彩色玻璃镶嵌画。

马赛克（Mosaic）技术的大量使用也是拜占庭建筑的重要特点。马赛克是一种涂有色彩的小陶瓷片，用马赛克来拼组图案的装饰方法在罗马帝国初期就已经流行开来，著名的庞贝古城就出土了不少马赛克。将马赛克大量地用于教堂内部装饰是拜占庭建筑的特色：耶稣像、天使像、圣徒像等都是用马赛克拼出来的；圣索菲亚大教堂内部的查士丁尼皇帝像也是这样拼出来的。

圣索菲亚教堂大穹隆的外推力始终没有得到充分的平衡。并且土耳其位于地震多发地带，历次大地震对圣索菲亚大教堂都有损害，穹隆总是被震塌。修复时人们总以为是穹隆向下的压力太大，于是增加拱，但无济于事。到了19世纪，大地震又一次震坏了穹隆。两个意大利建筑师经过计算发现：问题的核心还是没有完全平衡掉外推力。在不改变已有建筑的原则下，他们用4根铁索从外面捆住了大穹隆。问题终于到此为止了。

大多数东欧国家及俄罗斯都信仰东正教，因此圣索菲亚大教堂对东欧的影响是巨大的。在俄罗斯、罗马尼亚、保加利亚和塞尔维亚等国家，都流行这种教堂。并且这种建筑形式对西欧也产生了影响。建于11世纪的威尼斯圣马可（St. Marco）教堂就效仿了这种建筑样式。

圣索菲亚大教堂的内部

后罗马时代建筑

【罗马（式）风】

后罗马时代建筑

——罗马（式）风

自从野蛮的西哥特人占领了西罗马之后，欧洲文明进入黑暗之中，经过几个世纪的孕育，直到公元9世纪，文明重新走上正确的轨道，新的建筑风格逐渐形成，这种建筑较多地模仿了罗马建筑的风格，因此后人将之称为"罗马风"，我们也可以称其为"后罗马时代"。

教堂建筑

公元9世纪后的欧洲，基督教逐步走向巅峰，完全控制了人们的思想，教堂仍然是建筑的主题。当时在欧洲（尤其是西欧）流传着一个"千禧年"（Millennium）的传说：当1000年的钟声敲响的时候，耶稣基督将重新降临，天堂之门将会敞开。人们建造教堂的激情高涨起来。千年的钟声敲过之后，天堂之门没有开启，人们意识到尘世生活是不可避免的，但他们已经燃起的建筑激情并没有熄灭。为了生活、为了享乐，他们开始忙碌起来。

这一时期，教堂的布局大多是厅堂式与十字式的结合。意大利的比萨教堂（Pisa Cathedral）是这一时期教堂建筑的典型代表，是比萨艺术的最高杰作，教堂后面的比萨斜塔是比萨教堂的钟楼。比萨教堂的十字交叉处仍然有大穹隆，其翼廊则演变成了厅堂，其中一个变得特别大，和它相对的一翼变成了龛。可以说，比萨教堂由原来的厅堂教堂长出了两个小翼和一个大穹隆。在比萨教堂中，厅堂式与十字式结合的特征是十分明显的。不过，原来的厅堂式教堂用的是梁柱结构，而比萨教堂是用拱构建成的。

之所以说比萨教堂模仿了罗马时代的建筑，我们可以从其正面的拱门找

意大利的比萨教堂

到证据。教堂的正面有4层圆柱装饰，正面和入口处大门上的罗马风格雕像非常精美，特别是波南诺·皮萨诺建造的门被称为是意大利罗马风格雕塑的代表作。纵深100米的内部用白、黑的条文图案装饰，壮观而明朗，显示出东方文化的痕迹，这不禁让人联想起比萨作为海港的历史。

这一时期，在拱形结构大家庭中又多了一个成员，那就是六分拱，六分拱的出现也是建筑上的一大进步。两个筒拱交叉得到的是十字拱，三个筒拱交叉得到的就是"六分拱"。六分拱的一个典型特征就是拱顶交叉处有六条棱。为了加强拱交叉处六条棱所能承受的压力，建筑师还发明了"肋"（Rib）。

法国圣·埃蒂安教堂背面

法国卡昂的圣·埃蒂安（St. Etienne）教堂建于公元11～13世纪，是罗马与哥特式混合风格的代表建筑。伟大的征服者威廉一世（Guillaume le Conquérant）就长眠于此，而他的爱侣马蒂尔德（Mathilde）则被安葬在了不远处的修道院中。

在教堂正面的两旁加上钟塔是罗马式教堂的另一个伟大创新。起初，钟塔建得并不高，如圣·埃蒂安教堂正面的钟塔。后来，钟塔变得越来越高，法国昂古莱姆（Angouleme）教堂就是一个典型的代表，那高高的钟塔成为该教堂最突出的特征。

修道院与庄园

罗马风时期，除了教堂之外还出现了一种新的建筑题材，那就是修道院。修道院在整体布局上与教堂是一致的，只是多了一个四方形的回廊（Cloister），回廊一般由连续的十字拱或六分拱组成，这种回廊在有关中世纪的文学作品中大量存在。

随着封建制度的发展，封建贵族的势力越来越大，他们已经积蓄了足够的人力（骑士）和财力，于是贵族开始大规模地修建城堡，美化自己的庄园。城堡是这一时期另外一种宏大的建筑，在大的封建领主庄园里不仅有大片的田地、树林等，还有城堡、商店、作坊等，甚至还有教堂。庄园完全是自给自足的，甚至可以说，一个庄园就是一个小的城市。法国的卡尔卡松城（Carcassonne）就可以明显地看出城堡演化的痕迹。

昂古莱姆教堂

哥特式建筑

【罗马风的超越】

哥特式建筑

公元12～15世纪，大规模的庄园逐渐演变成城市，城市已成为各个封建王国的政治、宗教、经济和文化中心。与此同时，新兴的哥特式艺术逐渐兴起。"哥特"原指野蛮人，是一个贬义词，因此哥特艺术有野蛮艺术之意。在传统的欧洲人眼里，罗马式是正统艺术，继而兴起的新的建筑形式被贬为"哥特"（野蛮），成为情理之中的事。

哥特式建筑的特点

哥特式建筑是11世纪下半叶起源于法国，13～15世纪流行于欧洲的一种建筑风格，主要见于天主教堂，也影响到世俗建筑。哥特式建筑以其高超的技术和艺术成就，在建筑史上占有重要地位。哥特式教堂的结构体系由石质骨架券和飞扶壁组成，其基本单元是在一个正方形或矩形平面四角的柱子上做双圆心骨架尖券，四边和对角线上各一道，屋面石板架在券上，形成拱顶。采用这种方式，可以在不同跨度上做出矢高相同的券，拱顶重量轻，交线分明，减少了券脚的推力，简化了施工。飞扶壁由侧厅外面的柱墩发券，平衡中厅拱脚的侧推力。为了增加稳定性，常在柱墩上砌尖塔。由于采用了尖券、尖拱和飞扶壁，哥特式教堂的内部空间高旷、单纯、统一。装饰细部如华盖、壁龛等也都用尖券作主题，建筑风格与结构手法形成一个有机整体。

法国哥特式建筑

11世纪下半叶，哥特式建筑首先在法国兴起。当时法国一些教堂已出现肋架拱顶和飞扶壁雏形。一般认为第一座真正的哥特式教堂是巴黎郊区的圣丹尼教堂。这座教堂四尖券巧妙地解决了各拱间的肋架拱顶结构问题，用大面积的彩色玻璃窗做装饰，为以后许多哥特式教堂所效法。

法国哥特式教堂平面虽然是拉丁十字形，但横翼突出很少。西面是正门入口，东头环殿内有环廊，许多小礼拜室成放射状排列。教堂内部特别是中厅高耸，有大片彩色玻璃窗。其外观上的显著特点是有许多大大小小的尖塔和尖顶，西边高大的钟楼上有的也砌尖顶。平面十字交叉处的屋顶上有一座很高的尖塔，扶壁和墙垛上也都有玲珑的尖顶，窗户细高，整个教堂呈现出蓬勃向上的动势。

西立面是建筑的重点，典型构图是：两边一对高高的钟楼，下面由横向券廊水平联系，三座大门由层层后退的尖券组成透视门，券面满布雕像。正门上面有一个大圆窗，称为玫瑰窗，雕刻得精巧华丽。法国早期哥特式教堂的代表作是巴黎圣母院。

亚眠主教堂是法国哥特式建筑盛期的代表作，长137米，宽46米，横翼凸出甚少，东端环殿七个小礼拜室呈放射形布置。中厅宽15米，拱顶高43米，中厅的拱间平面为长方形，每间用一个交叉拱顶，与侧厅拱顶对应。柱子不再是圆形，4根细柱附在一根圆柱上，形成束柱，细柱与上边的券肋气势相连，增强向上的动

法国兰斯大教堂（Rheims Cathedral）

巴黎圣母院中的雕塑

势。教堂内部遍布彩色玻璃大窗，几乎看不到墙面，教堂外部雕饰精美，富丽堂皇。亚眠大教堂是哥特式建筑成熟的标志。

法国盛期的著名教堂还有兰斯主教堂和沙特尔主教堂，它们与亚眠主教堂和博韦主教堂一起，并称法国四大哥特式教堂。另外，斯特拉斯堡主教堂也很有名，其尖塔高142米。

百年战争爆发后，法国在14世纪几乎没有建造教堂。及至哥特式建筑复苏，已经到了火焰纹时期，这种风格因窗棂形如火焰得名。建筑装饰趋于"流动"、复杂。束柱往往没有柱头，许多细柱从地面直达拱顶，成为肋架。拱顶上出现了装饰肋，肋架变成星形或其他复杂形式。当时，很少建造大型教堂。这种风格多出现在大教堂的加建或改建部分。

法国哥特时期的世俗建筑数量很大，与哥特式教堂的结构和形式很不一样。由于连年战争，城市的防卫性很强。城堡多建于高地上，石墙厚实，碉堡林立，外形森严。但城墙限制了城市的发展，城内嘈杂拥挤，居住条件很差。多层的市民住所紧贴在狭窄的街道两旁，山墙面街。二层开始出挑以扩大空间，一层通常是作坊或店铺。结构多是木框架，往往外露形成漂亮的图案，颇饶生趣。富人邸宅、市政厅、同业公会等则多用砖石建造，采用哥特式教堂的许多装饰手法。

英国哥特式建筑

英国的哥特式建筑出现得比法国稍晚，流行于12～16世纪。英国教堂不像法国教堂那样矗立于拥挤的城市中心，力求高大，控制城市，而往往位于开阔的乡村环境中，作为复杂的修道院建筑群的一部分，比较低矮，与修道院连成一片。它们不像法国教堂那样重视结构技术，但装饰更自由多样。英国教堂的工期一般都很长，其间不断改建、加建，很难找到统一的风格。

英国的索尔兹伯里主教堂和法国亚眠主教堂的建造年代接近，中厅较矮较深，两侧各有一侧厅，横翼突出较多，而且有一个较短的后横翼，可以容纳更多的教士，这是英国常见的布局手法。教堂的正面也在西边，东头多以方厅结束，很少用环殿。索尔兹伯里教堂虽然有飞扶壁，但并不显著。

英国教堂在平面十字交叉处的尖塔往往很高，成为构图中心，西面的钟塔退居次要地位。索尔兹伯里教堂的中心尖塔高约123米，是英国教堂中最高的。这座教堂外观有英国特点，但内部仍然延续着法国风格，装饰简单，而后来的英国哥特教堂内部则有较强的英国风格。约克教堂的西面窗花复杂，窗棂由许多曲线组成生动的图案。这时期的拱顶肋架丰富，埃克塞特教堂的肋架像大树张开的树枝一般，非常有力，还采用由许多圆柱组成的束柱。

格洛斯特教堂的东头和坎特伯雷教堂的西部，窗户极大，用许多直棂贯通分割，窗顶多为较平的四圆心券，纤细的肋架伸展盘绕，极为华丽。剑桥国王礼拜堂的拱顶像许多张开的扇子，称作扇拱。韦斯敏斯特修道院中亨利七世礼拜堂的拱顶作了许多下垂的漏斗形花饰，穷极工巧。这时的肋架已失去结构作用，成了英国工匠们表现高超技巧的对象。英国大量的乡村小教堂，非常朴素亲切，往往一堂一塔，使用多种精巧的木屋架，很有特色。

英国哥特时期的世俗建筑成就很高。在哥特式建筑流行的早期，封建主的城堡有很强的防卫性，城墙很厚，有许多塔楼和碉堡，墙内还有高高的核堡。15世纪以后，王权进一步巩固，城堡的外墙开了窗户，并更多地考虑居住的舒适性。英国居民的半木构式住宅以木柱和木横档作为构架，加有装饰图案，深色的木梁柱与白墙相间，外观活泼。

德国哥特式建筑

德国最早的哥特式教堂之一科隆主教堂于1248年兴工，由建造过亚眠主教堂的法国人设计，有法国盛期哥特式教堂的风格，歌坛和圣殿同亚眠教堂相似。教堂中厅内部高达46米，仅次于法国博韦主教堂。西面双塔高152米，极为壮观。

科隆大教堂

德国哥特教堂很早就形成了自己的形制和特点，它的中厅和侧厅高度相同，既无高侧窗，也无飞扶壁，完全靠侧厅外墙瘦高的窗户采光。拱顶上面再加一层整体的陡坡屋面，内部是一个多柱大厅。马尔堡的圣伊丽莎白教堂西边有两座高塔，外观比较素雅，是这种教堂的代表。

德国还有一种只在教堂正面建一座极高钟塔的哥特式教堂，著名的例子是乌尔姆主教堂，其钟塔高达161米，控制着整个建筑构图，可谓中世纪教堂建筑中的奇观。砖造教堂在北欧很流行，德国北部也有不少砖造的哥特式教堂。

15世纪以后，德国的石作技巧达到了高峰。石雕窗棂刀法纯熟，精致华美，甚至可以将两层图案不同的石刻窗花重叠在一起，玲珑剔透。建筑内部的装饰小品，也不乏精美的杰作。

德国哥特建筑时期的世俗建筑多用砖石建造。双坡屋顶很陡，内有阁楼，甚至是多层阁楼，屋面和山墙上开着一层层窗户，墙上常挑出轻巧的木窗、阳台或壁龛，外观极富特色。

意大利哥特式建筑

意大利的哥特式建筑在12世纪由国外传入，主要影响北部地区。意大利并没有真正接受哥特式建筑的结构体系和造型原则，只是把它作为一种装饰风格，因此这里很难找到"纯粹"的哥特式教堂。

意大利教堂并不强调高度和垂直感，正面也没有高钟塔，而是采用屏幕式的山墙构图。屋顶较平缓，窗户不大，往往尖券和半圆券并用，飞扶壁极为少见，雕刻和装饰则有明显的罗马古典风格。

锡耶纳主教堂使用了肋架券，但只在拱顶上略呈尖形，其他仍是半圆形。奥维亚托主教堂则仍是木屋架顶子。这两座教堂的正面相似，总体构图是屏幕式山墙的发展，中间高，两边低，有三个山尖形。外部虽然用了许多哥特式小尖塔和壁敦作装饰，但平墙面上的大圆窗和连续券廊，仍然是意大利教堂的固有风格。

意大利最著名的哥特式教堂是米兰大教堂，它是欧洲中世纪最大的教堂之一，14世纪80年代动工，直至19世纪初才最后完成。教堂内部由4排巨柱隔开，宽达49米。中厅高约45米，而在横翼与中厅交叉处，更拔高至65米多，上面是一个八角形采光亭。中厅高出侧厅很少，侧高窗很小。内部比较幽暗，建筑的外部由光彩夺目的白大理石筑成。高高的花窗、直立的扶壁以及135座尖塔，都表现出向上的动势，塔顶上的雕像仿佛正要飞升。西边正面是意大利人字山墙，也装饰着很多哥特式尖券、尖塔，但它的门窗已经带有文艺复兴晚期的风格。

另外，这一时期意大利城市的世俗建筑成就很高，特别是在许多富有的城市共和国里，建造了许多有名的市政建筑和府邸。威尼斯圣马可广场上的总督府被公认为中世纪世俗建筑中最美丽的作品之一。立面采用连续的哥特式尖券和火焰纹式券廊，构图别致，色彩明快。威尼斯还有很多带有哥特式柱廊的府邸，临水而立，非常优雅。

文艺复兴建筑

【以复兴为名的创新】

文艺复兴建筑

——以复兴为名的创新

文艺复兴建筑是欧洲建筑史上继哥特式建筑之后出现的一种建筑风格，15世纪产生于意大利，后传播到欧洲其他地区。意大利文艺复兴建筑在各国建筑中占有极其重要的位置。

文艺复兴的特征

经过漫长的中世纪，欧洲形成了新的格局，法、德、英等国家形成，并且都形成了自己的语言，各自用当地的"方言"传教，出现了新教运动。这时的意大利兴起了学习希腊文、拉丁文著作的风潮，很多人文大师就此诞生。

资本主义萌芽始于意大利，文艺复兴也是从意大利开始的，文艺复兴时期的建筑也主要在意大利蓬勃展开。

文艺复兴建筑最明显的特征是扬弃了中世纪时期的哥特式建筑风格，而在宗教和世俗建筑中重新采用古希腊罗马时期的柱式构图要素。文艺复兴时期的建筑师和艺术家认为，哥特式建筑是基督教神权统治的象征，而古希腊和罗马的建筑是非基督的。他们认为这种古典建筑，特别是古典柱式构图体现着和谐与理性，并同人体美有相通之处，这正符合文艺复兴运动的人文主义观念。

虽然有人（如帕拉第奥和维尼奥拉）在著作中为古典柱式制定出严格的规范，不过当时的建筑师，包括帕拉第奥和维尼奥拉本人在内并没有为规范所束缚。他们一方面采用古典柱式，一方面又灵活变通，大胆创新，甚至将各个地区的建筑风格同古典柱式融合在一起。

在文艺复兴时期，建筑类型、建筑形制、建筑形式都比以前增多了。建筑师在创作中既注意体现统一的时代风格，又十分重视表现自己的艺术个性。因此，文艺复兴建筑，特别是意大利文艺复兴建筑，呈现出空前繁荣的景象，文艺复兴时期成为世界建筑艺术获得大发展和大提高的时期。

佛罗伦萨的建筑先锋

15世纪意大利的布鲁涅列斯基（Brunelleschi）是文艺复兴时期在建

佛罗伦萨的巴齐家族礼拜堂（Pazzi Chapel）

筑方面的开路先锋。1446年，他在佛罗伦萨修建的巴齐家族礼拜堂（Pazzi Chapel）首先举起了文艺复兴的大旗。

15世纪晚期，佛罗伦萨的建筑师阿尔伯蒂（Alberti）写成了《论建筑》一书。该书是继《建筑十书》之后第二本对后世影响深远的建筑学著作。书中不仅重新整理了维特鲁威所总结出的三种柱式，而且还从考古遗迹中发现了罗马人忽略了的塔什干式和混合式。前者比多立克式更原始，连柱子表面的凹道都没有；后者则混合了三种主要柱式的特点。

阿尔伯蒂不仅在建筑理论方面取得了巨大成就，他还设计出许多有名的建筑。佛罗伦萨圣玛利亚教堂的正面是由他设计的，他试图用希腊神庙掩盖住山形面；曼托瓦的圣安德瑞（St. Andrea）教堂的正面也是由他设计的，从中我们能找到aAa式"凯旋门母题"的影子；鲁切拉宫（Palazzo Rucellai）的正面是他在1451年设计的，该建筑各层的壁柱依次是多立克式、爱奥尼亚式、科林斯式——他已经完全理解了"角斗场母题"。在该建筑中，阿尔伯蒂还尝试了"粗面"工艺，即石头表面不打磨，这也算得上是一种创新。

罗马的巨人布拉曼特

佛罗伦萨、罗马、威尼斯是意大利文艺复兴运动的"主战场"，大部分的文艺复兴时期的"巨人"都来自这里。阿尔伯蒂是佛罗伦萨的杰出代表，布拉曼特（Bramante，1445～1514）则是从罗马走出的建筑巨人。相对于阿尔伯蒂对古罗马建筑的钟情，布拉曼特更喜欢古希腊建筑。修建于1502年的圣伯多禄修院小教堂（Tempietto）是布拉曼特的代表作之一，其灵感来自于古罗马的维斯塔神庙（Temple of Vesta），原教堂的顶已经毁坏，现在的顶是后人加上去的，显得极不协调。圣伯多禄修院小教堂显现出他对古典柱式的理解是极其准确的。教堂的柱廊之上有一个穹隆结构，这是布拉曼特的创造。

圣伯多禄修院小教堂

圣伯多禄修院小教堂对后世（尤其是对英国）的影响非常巨大。200年以后，1709年英国的克里斯多弗·雷恩爵士（Sir Christopher Wren）设计了位于伦敦的圣保罗大教堂（St. Paul Cathedral）；1729年，尼古拉斯·霍克斯莫尔（Nicholas Hawksmoor, 1661~1736）设计了英国霍华德庄园陵墓（Mausoleum, Castle Howard）。这两座建筑深受圣伯多禄修院小教堂的影响。

古希腊建筑的山形截面给人的感觉是稳重有余，生动不足。一些意大利的建筑家在尝试着解决这个问题。布拉曼特创造性地将两个希腊神庙的正面叠加在一起，山形截面立刻"活"了起来。布拉曼特设计的威尼斯圣吉奥吉奥（St. Giorgio）大教堂是成功解决这一问题的代表。

帕拉第奥——威尼斯的骄傲

帕拉第奥（Palladio，1508～1580）是文艺复兴建筑威尼斯的核心人物。《建筑四书》是他在建筑理论方面做出的重大贡献。在该书中，帕拉第奥更准确地描绘了古希腊五种柱式，我们现在所理解的柱式就是由他整理出来的。意大利维琴察（Vicenza）的圆厅别墅（Villa Rotonda）是他在1552年设计出的建筑精品。该别墅是古罗马万神庙和希腊神庙的复合体。我们也可以这样认为：帕拉第奥所表现出的建筑才能是对古希腊与古罗马建筑精华的深刻理解和融会贯通。

帕拉第奥在建筑的贡献还不止这些，1549年，帕拉第奥受命在一所哥特式大厅的外面加一圈围廊，他创造出了一种全新的拱柱结合方式，这就是后人命名的"帕拉第奥母题"。

米开朗基罗——手法主义天才

在前面所述的三位大师之后，意大利又出现了一位天才的大师，那就是米开朗基罗。众所周知，米开朗基罗是三大"天才画家"之一，但是他在雕刻、建筑方面所取得的成就并不亚于绘画。米开朗基罗之所以能成为创造奇迹的天才，是因为他敢于嘲笑"巨人"（包括古希腊的巨人），敢于做别人不敢做的事。米开朗基罗在完全了解"巨人"、掌握古代经典之后，创造出了真正属于自己的经典。

米开朗基罗为佛罗伦萨首富米第奇（Medici）家族设计的劳伦狄（Laurentian）图书馆是他在建筑方面初次崭露头角。他没有像古希腊人那样遵循平衡的法则，而是利用透视法，突出上、下部分的不对称，从而营造出一种楼梯通向隧道的感觉。这种感觉又恰恰适合了图书馆安静的需要，这就是天才的设计。

"巨柱式"是米开朗基罗创造出的又一经典。16世纪末，教皇决定重建罗马的市政广场（Capitol），就请米开朗基罗来设计档案馆。米开朗基罗用科林斯式巨柱贯穿整个两层楼，但每层楼仍保留着属于自己的柱子，柱子的对比在这里产生了神奇的效果。

1524年米第奇家族的家庙需要建造一个壁龛，就请来大名

米开朗基罗设计的米第奇劳伦狄（Laurentian）图书馆

鼎鼎的米开朗基罗为他们设计。壁龛对于当时地位显赫的米第奇家族（相当于皇家）来说极其重要。米开朗基罗就设计出了一个与古希腊-罗马规范迥异的神龛，但神龛给人的感觉却出奇地和谐。在神龛前还摆放着他著名的雕塑《昼》《夜》。

拉斐尔（Raphael，1483～1520）也是一个天才，他在建筑方面的成就也不小。佛罗伦萨的Pandolfini府邸的窗户就是由拉斐尔设计的。对比一下就可以看出，拉斐尔与米开朗基罗迥然不同，拉斐尔的建筑每个细节都有依据。

米开朗基罗所开创的这种"从目的出发进行设计，不在乎是否合乎标准"的风格，被称为"手法主义"。罗曼诺（Romano）、小桑加洛（Sangallo）等都是手法主义大师。手法主义从意大利传到英、法等国，在英国被称为"伊丽莎白式"，其代表建筑是沃莱顿议事厅（Wollaton Hall）。

阅读分享　趣味测评　图文资讯　拓展视频

微信扫码

巴洛克风格建筑

【意大利的华丽】

巴洛克风格建筑

巴洛克建筑是17～18世纪在意大利文艺复兴建筑基础上发展起来的一种建筑和装饰风格。其特点是外形自由，追求动态，色彩强烈，装饰和雕刻富丽堂皇，常用穿插的曲面和椭圆形空间。巴洛克一词的原意是奇异古怪，古典主义者用它来称呼这种被认为是离经叛道的建筑风格。这种风格在反对僵化的古典形式，追求自由奔放的格调和表达世俗情趣等方面起了重要作用。

巴洛克风格的确立

意大利文艺复兴晚期著名建筑师和建筑理论家维尼奥拉设计的罗马耶稣教堂是由手法主义向巴洛克风格过渡的代表作，也有人称之为第一座巴洛克建筑。

罗马耶稣教堂平面为长方形，端部突出一个圣龛，由哥特式教堂惯用的拉丁十字形演变而来，中厅宽阔，拱顶满布雕像和装饰，两侧用两排小祈祷室代替原来的侧廊。十字正中升起一座穹隆顶。教堂的圣坛装饰富丽而自由，上面的山花突破了古典式，作圣像和光芒装饰。教堂立面借鉴早期文艺复兴建筑大师阿尔伯蒂设计的佛罗伦萨圣玛丽亚小教堂的处理手法。正门上面分成檐部和山花，形成重叠的弧形和三角形，大门两侧采用了倚柱和扁壁柱，立面上部两侧作了两对大涡卷。这些处理手法别开生面，后来被广泛仿效。

如果说耶稣教堂还只是用了壁柱的话，在罗马圣苏珊娜（St.

Susanna）教堂中，巴洛克风格表现得更清楚。在St. Vincezo-Anastasio教堂（1646）的正面，装饰更为华丽的三重柱子出现。17世纪60年代设计完成的罗马圣卡罗（St. Carlo）教堂的正面出现了曲线，这标志着巴洛克风格的完全确立。

巴洛克风格打破了人们对古罗马建筑理论家维特鲁威的盲目崇拜，也冲破了文艺复兴晚期古典主义者制定的种种清规戒律，反映了向往自由的世俗思想。另一方面，巴洛克风格的教堂富丽堂皇，而且能造成相当强烈的神秘气氛，也符合天主教会炫耀财富和追求神秘感的要求。因此，巴洛克建筑从罗马发端后，不久即传遍欧洲，以至远达美洲。

意大利的巴洛克建筑

从17世纪30年代起，意大利教会财富日益增加，各个教区先后建造自己的教堂。由于规模小，不宜采用拉丁十字形平面，因此多改为圆形、椭圆形、梅花形、圆瓣十字形等单一空间的殿堂，在造型上大量使用曲面。

典型实例有罗马的圣卡罗教堂，是由波洛米尼设计的。它的殿堂平面近似橄榄形，周围有一些不规则的小祈祷室；此外还有生活庭院。殿堂平面与天花装饰强调曲线动态，立面山花断开，檐部水平弯曲，墙面凹凸度很大，装饰丰富，有强烈的光影效果。尽管设计手

波洛米尼设计的圣卡罗教堂

法纯熟，难免有矫揉造作之感。17世纪中叶以后，巴洛克式教堂在意大利风靡开来，其中不乏新颖独创的作品，但也有手法拙劣、堆砌过分的建筑。

教皇当局为了向朝圣者炫耀教皇国的富有，在罗马城修筑宽阔的大道和宏伟的广场，这为巴洛克自由奔放的风格开辟了新途径。

17世纪罗马建筑师丰塔纳建造的罗马波罗广场，位于三条放射形干道的汇合点，中央有一座方尖碑，周围设有雕像，布置绿化带。在放射形干道之间建有两座对称的样式相同的教堂。这个广场开阔奔放，欧洲许多国家争相仿效。法国在凡尔赛宫前，俄国在彼得堡海军部大厦前都建造了放射形广场。杰出的巴洛克建筑大师和雕刻大师贝尔尼尼设计的罗马圣彼得大教堂前广场，周围用罗马塔斯干柱廊环绕，整个布局豪放，富有动态，光影效果强烈。

欧洲其他地方的巴洛克建筑

巴洛克建筑风格也在中欧一些国家一度流行，尤其是在德国和奥地利表现尤为突出。17世纪下半叶，不少德国建筑师留学意大利归来后，把意大利巴洛克建筑风格同德国的民族建筑风格结合起来。到18世纪上半叶，德国巴洛克建筑艺术成为欧洲建筑史上一朵奇葩，其建筑外观简洁雅致，造型柔和，装饰不多，外墙平坦，同自然环境相协调。教堂内部装饰则十分华丽，造成内外的强烈对比。著名实例是班贝格郊区的十四圣徒朝圣教堂、罗赫尔的修道院教堂。

奥地利的巴洛克建筑风格主要是从德国传入的。18世纪上半叶，奥地利许多著名建筑都是由德国建筑师设计的。如维也纳的舒伯鲁恩宫，外表是严肃的古典主义建筑形式，内部大厅则具有意大利巴洛克风

维也纳舒伯鲁恩宫

格，大厅所有的柱子都雕刻成人像，柱顶和拱顶满布浮雕装饰，是巴洛克风格和古典主义风格相结合的产物。

17世纪中叶的巴洛克风格自由奔放，造型繁复，富于变化，只是有的建筑装饰堆砌过分。西班牙圣地亚哥大教堂为这一时期建筑的典型实例。

贝尔尼尼——夸张的大师

第一位巴洛克风格的大师是贝尔尼尼（L.Bernini，1598～1680），他不仅是意大利著名的建筑师，还是举世闻名的雕刻家，巴洛克艺术的主要代表人物之一。维多利亚圣母堂的白色大理石雕像《圣泰瑞莎的狂喜》，是贝尔尼尼的重要作品之一。他以巴洛克的艺术形式来表现，圣女在祈祷中自然流露出神魂超拔、与主合一的心灵状态。其风格之华丽自不必说，对于古希腊最看重的平衡，他也敢于舍弃。

从贝尔尼尼的作品可以看出巴洛克艺术的特点：教堂将建筑、雕塑、绘画结合成一个整体，注重作品的形式感，特别是在雕塑中注重绘画的效果，善于运用细腻手法和夸张的构图，表现人物瞬间激烈的行动与精神状态，使作品具有了较强的戏剧感。

贝尔尼尼总是在故意地夸张，在雕塑中夸张的是表情，在建筑中夸张的是结构。罗马的圣安德瑞（St. Andrea）教堂（1658）就是其建筑作品的典型代表。平面的布局中突出突出来圆形门廊，突兀而富有动感，原来的"山"字形面被彻底打破。

1663年，贝尔尼尼受命为教皇设计接待厅，为了迎合教皇的神秘身份需要，他模仿米开朗基罗的图书馆设计，设计出了一个大阶梯（Scala Regia）。从这里我们可以看出：巴洛克建筑继承了手法主义从目的需要出发的传统。

巴洛克建筑的代表作：圣彼得教堂

位于意大利罗马西北郊梵蒂冈城的圣彼得（St. Peter）教堂是世界天主教会的中心，是世界最大教堂之一，集教堂建筑艺术的精华于一身。该教堂从开始兴建到最后完成，几乎跨过了文艺复兴到巴洛克前期。整座教堂长约200米，最宽处有130余米。

圣彼得教堂之所以著名，不仅因为它是世界上最大的教堂，还在于作为教皇的教堂，它集中了意大利最优秀的建筑师为之效力。前后主

侧观圣彼得大教堂

持工程者的名单简直就是一本建筑名人录。比如布拉曼特、拉斐尔、米开朗基罗、小桑加洛、维尼奥拉、玛丹那以及贝尔尼尼。

该教堂最初的构想是布拉曼特与达芬奇商量之后确定的（这一点最近才从达芬奇的手稿中得到证实）。大穹隆是由米开朗基罗最后确定的，从顶上的十字架到地面约137米，很长时间以来一直是罗马城的最高点。名家聚在了一起，难免有互相抵触的地方，而教皇也总是指手画脚。按原设计，教堂应该是集中式的，但教皇认为这样不能体现梵蒂冈的地位，于是命令玛丹那把教堂改成了厅堂式的，而且加上了现在的硕大的门廊。结果后面的大穹隆被遮掩住了，其气势无法完全被人们领略，影响了整体的效果。为了弥补不足，贝尔尼尼在前面加上了巨大的广场，扩展了观者的视野。虽然没有完全取得成功，但留下了这个巴洛克式广场的代表作。其空间的开阔感在墨索里尼破坏之前，一直是令人惊叹的。另外，贝尔尼尼用4排280根非完全多立克式柱围绕着广场。穿过密集的柱子形成的石头森林进入广场，广场就越发显得开阔。

古典主义建筑

【法国的文雅】

古典主义建筑

——法国的文雅

法国在17世纪到18世纪初的路易十三和路易十四专制王权极盛时期，开始竭力崇尚古典主义建筑风格，建造了很多具有古典主义风格的华丽建筑。

古典主义建筑在法国

古典主义建筑造型严谨，普遍应用古典柱式，内部装饰丰富多彩。法国古典主义建筑大都是规模巨大、造型雄伟的宫廷建筑和纪念性的广场建筑群。这一时期法国王室和权臣建造的离宫别馆和园林也是古典主义风格建筑的杰出代表，为欧洲其他国家纷纷仿效。

随着古典主义建筑风格的流行，巴黎在1671年设立了建筑学院，学生多出身于贵族家庭，他们瞧不起工匠，形成了崇尚古典形式的学院派，学院派建筑和教育体系一直延续到19世纪。学院派有关建筑师的职业技巧和建筑构图艺术等观念，统治西欧的建筑事业达200多年。

法国古典主义建筑的代表作

法国古典主义建筑的代表作品有巴黎卢浮宫的东立面、凡尔赛宫和巴黎伤兵院新教堂等。

◎卢浮宫东立面

卢浮宫位于法国巴黎市中心塞纳河畔，是欧洲最壮丽的宫殿之一。

远看巴黎卢浮宫（the Louvre）

1667~1674年，卢浮宫的东立面得以重新改建，改建后的东廊作为法国绝对君权的纪念碑而闻名于世。这是一个典型的古典主义作品，由勒伏（Louis le Vau, 1612~1670）、勒勃亨（Charles le Brun, 1619~1600）和克·彼洛（Claude Perrault, 1613~1688）设计。东廊全长约172米，高28米。上下按照柱式比例分作三部分，底层为基座，高9.9米，中段是两层高的双柱廊，高13.3米，最上面是檐部和女儿墙。沿水平方向立面分为五段，中央和两端各有突出部分。两端的突出部分用壁柱作装饰，中央部分用倚柱，上有山花，因而主轴线十分明晰。整个东立面成功地运用了几何图形的比例关系，简洁洗练，层次丰富，充分体现了宫殿建筑雄伟威慑的风格特色。

◎伤兵院新教堂

　　伤兵院新教堂又称残废军人新教堂，是路易十四时期军队的纪念碑，也是17世纪法国典型的古典主义建筑。新教堂接在旧的巴西利卡式教堂南端，平面呈正方形，中央顶部覆盖着三层壳体的穹隆，外观呈抛物线状，略微提高，顶上还加了一个文艺复兴时期惯用的采光亭。穹隆顶下的空间是由等长的四臂形成的希腊十字，四角上是四个圆形的祈祷室。新教堂立面紧凑，穹隆顶端距地面106.5米，是整座建筑的中心。方方正正的教堂看起来像穹隆顶的基座，更增加了建筑的庄严气氛。

◎沃勒维孔特宫——凡尔赛宫前传

毫无疑问，法国的凡尔赛宫包含着巴洛克风格中华丽的因素，但其总体风格是古典式的。凡尔赛宫不仅创立了宫殿的新形制，而且在规划设计和造园艺术上都为当时欧洲各国所效法。这种奢华在很大程度上受路易十四的影响。在路易十四的手下有一位非常重要的大臣富凯，富凯身居要职，担任财政大臣。在凡尔赛宫动工建造之前，富凯就建造起了具有古典主义色彩的府邸沃勒维孔特宫（Chateau Vaux-le-Vicomte，1656）。该建筑简洁而对称，具有古希腊建筑的味道。府邸前的花园复杂回旋，有点巴洛克的感觉。府邸也成为后世很多宫廷和公园模仿的对象。路易十四与富凯之间围绕着凡尔赛宫的修建，还有一个有趣的故事。

1661年8月的一天，路易十四的财政总监富凯在其府邸沃勒维孔特宫举行了一个非同寻常的晚会。富凯是个野心勃勃、贪赃枉法的家伙，在其任财政总监的8年间，贪污受贿、敲诈勒索了大量钱财。用这些钱财，富凯将自己原有的住宅改建成了漂亮的府邸。他请来了建筑师勒沃、园艺师勒诺特尔及画师勒布伦，用将近4年的时间将原有的住宅变成了一座前所未有的宫殿。富凯酷爱搜集艺术珍品，名贵字画、地毯、家具等各种古董在富凯的府邸应有尽有，这些珍宝将沃勒维孔特宫装饰

沃勒维孔特宫侧景

得更加富丽堂皇。

谁料想府邸的落成之日竟成为富凯失宠之时。为了庆祝乔迁之喜，富凯举行了盛大的宴会，参加晚宴的有路易十四、王太后、亲王、侯爵及宫廷中所有要人。然而，沃勒维孔特宫的堂皇、精美招致了路易十四的妒忌，他怀疑富凯有不明财路。晚会过后一个月，路易十四派人逮捕了富凯并查抄了沃宫的全部设计图纸、文件及大批珍贵物品，同时国王也没有忘记建造沃勒维孔特宫的勒沃、勒诺特尔和勒布伦，令他们为自己建造一座比沃宫更为雄伟、壮观，更为豪华、辉煌的宫殿。正是因为这个著名的晚会，富凯招罪身亡，而凡尔赛宫也由此诞生。

洛可可风格

洛可可风格18世纪20年代形成于法国，是在巴洛克建筑的基础上发展起来的一种建筑风格，主要表现在室内装饰上。其特点是：室内

凡尔赛宫的王后居室

应用明快的色彩和纤巧的装饰，家具也非常精致而偏于烦琐，不像巴洛克风格那样色彩强烈，装饰浓艳。

洛可可装饰的特点是细腻柔媚，常常采用不对称手法，喜欢用弧线和S形线，尤其爱用贝壳、漩涡、山石作为装饰题材，卷草舒花，缠绵盘曲，连成一体。天花和墙面有时以弧面相连，转角处布置壁画。

为了模仿自然形态，室内建筑部件也往往做成不对称形状，变化万千，但有时也难免流于矫揉造作。室内墙面粉刷爱用嫩绿、粉红、玫瑰红等鲜艳的浅色调，线脚大多用金色。室内护壁板有时用木板，有时做成精致的框格，框内四周有一圈花边，中间常衬以浅色东方织锦。一度风靡欧洲的洛可可风格反映了法国路易十五时代宫廷贵族的生活趣味。这种风格的代表作是巴黎苏俾士府邸公主沙龙和凡尔赛宫的王后居室。

西洋建筑

新古典主义建筑

新古典主义建筑

新古典主义建筑在18世纪60年代到19世纪流行于欧美一些国家，采用严谨的古希腊、古罗马形式，因此又称古典复兴主义建筑。当时，人们受启蒙运动的思想影响，崇尚古代希腊、罗马的文化。在建筑方面，古罗马的广场、凯旋门和记功柱等纪念性建筑成为效法的榜样。当时的考古学取得了很大成就，古希腊、古罗马建筑艺术珍品大量出土，为新兴建筑思想提供了良好条件。采用新古典主义建筑风格的主要是国会、法院、银行、交易所、博物馆、剧院等公共建筑和一些纪念性建筑，因此这种风格对一般的住宅、教堂、学校等影响不大。

新古典主义的兴起

法国在18世纪末、19世纪初是欧洲资产阶级革命的中心，也是古典建筑复兴的中心。法国大革命前已在巴黎兴建万神庙这样的古典建筑，拿破仑时代又在巴黎兴建了许多纪念性建筑，其中雄狮凯旋门、马德兰教堂等都是古罗马建筑式样的翻版。与法国热衷于效法古罗马不同，英国以复兴希腊建筑形式为主，典型实例为爱丁堡中学、伦敦的不列颠博物馆等。此外，德国柏林的勃兰登堡门，申克尔设计的柏林宫廷剧院和阿尔塔斯博物馆也都是复兴希腊建筑形式的。

美国独立以前，建筑造型多采用欧洲式样，称为"殖民时期风格"。独立以后，美国资产阶级在摆脱殖民统治的同时，力图摆脱建筑上的"殖民时期风格"，借助于希腊、罗马的古典建筑来表现民主、自由、光荣和独立，因而古典复兴建筑在美国盛极一时。美国国会大厦就是一个典型例子。它仿照巴黎万神庙，极力表现雄伟气势，强调纪念性。希腊建筑形式在美国的纪念性建筑和公共建筑中也比较流行，华盛顿的林肯纪念堂即为一例。

"和平之门"：勃兰登堡门

位于柏林市中心的勃兰登堡门为柏林仅存的城门，是柏林城的标志，也是德国统一的象征。这座以沙石为建筑材料建造的柱廊式城门，仿照雅典阿克波利斯（Akropolis）的建筑风格建造而成。其两侧有6个多立克式的圆柱，支撑着五条通道。

1753年，普鲁士国王弗里德利希·威廉一世定都柏林，下令修筑共有14座城门的柏林城，因此门坐西朝东，弗里德利希·威廉一世便以国王家族发祥地勃兰登命名。那时该门仅为一座用两根巨大石柱支撑着的简陋石门。1788年，普鲁士国王威廉二世统一德意志帝国，便重建此门，以示庆贺。当时德国著名建筑学家C.G.朗汉斯受命承担设计与建筑工作，他以雅典古希腊柱廊式城门为蓝本，设计了这座凯旋门式的城门。1791年城门落成，重建后的城门高20米，宽65.6米，进深11米，门内有5条通道，中间的通道最宽。据记载，中间的通道在1918年德皇退位前仅允许皇族成员行走。

为使此门显得辉煌壮丽，当时德国著名的雕塑家戈特弗里德·沙多又在此门顶端设计了一套青铜装饰雕像：四匹飞驰的骏马拉着一辆双轮战车，战车上站着一位背插双翅的女神，她一手执杖一手提辔，一只展翅欲飞的普鲁士飞鹰立在饰有月桂花环的权杖上。在各通道内侧的石壁上镶嵌着沙多创作的20幅描绘古希腊神话中大力神海格拉英雄事迹的大理石浮雕画。30幅反映古希腊和平神话"和平征战"的大理石浮雕装饰在城门正面的门楣上。此门建成之后曾被命名为"和平之门"，战车上的女神被称为"和平女神"。

普法战争爆发后，拿破仑率领法军击败普鲁士军队，穿过勃兰登堡门进入柏林。拿破仑下令拆下门顶上的女神及战车，并将其作为战利品运回巴黎。后来，拿破仑失势后，普鲁士将其索回，并重新安放在门顶上。为了庆祝胜利，德国著名雕家申克尔又雕刻了一枚铁十字架，镶在女神的月桂花环中。从此，和平女神被改称为胜利女神，此门也逐渐成为德意志帝国的象征。二战中，勃兰登堡门遭到严重损坏，门顶上的女神及战车被盟军炸毁。

德意志民主共和国成立后，曾全面修复勃兰登堡门。东、西柏林的文物修复专家根据二战中抢拓下来的石膏模型和档案照片重新铸造了一套战车及女神雕像，民主德国政府在安装时去掉了女神权杖中的铁十字架和普鲁士鹰鹫。

英国古典主义建筑

英国的古典主义建筑的兴起与当时英国兴起的考古热有很大关系。英国的古典主义建筑可以分为前、后两个时期，后期还有一个富丽堂皇的名字"摄政王式"。约翰·索恩爵士（Sir John Soane，1753～1837）是英国后期古典主义建筑师的代表，他是英格兰银行的设计者。利物浦的圣乔治堂（St. George's Hall，1838）也是英国古典主义建筑的代表。英国人似乎更念旧，他们对古代的钟情还产生了一种新的建筑风格"哥特复兴"。伦敦的议会大厦（House of Parliament，1868）是其代表性建筑。这时的哥特式代表的是勇敢的骑士、神秘的城堡、完美的童话及坚贞的爱情，因此也有人叫它"浪漫主义"（Romanticism）。

浪漫主义建筑

浪漫主义建筑

　　浪漫主义建筑是18世纪下半叶到19世纪下半叶，欧美一些国家在文学艺术中的浪漫主义思潮影响下流行起来的一种建筑风格。浪漫主义强调个性，提倡自然主义，主张用中世纪的艺术风格与学院派的古典主义艺术相抗衡。这种思潮在建筑上表现为追求超尘脱俗的趣味和异国情调。

　　18世纪60年代至19世纪30年代是浪漫主义建筑发展的第一阶段，又称先浪漫主义。这一阶段出现了中世纪城堡式的府邸，甚至出现东方式的建筑小品。19世纪30至70年代是浪漫主义建筑的第二阶段，此时它已发展成为一种建筑创作的潮流。由于追求中世纪的哥特式建筑风格，又称为哥特复兴建筑。其特点是高大而复杂，形状为倒立的长方形，以石柱和尖拱为标志，部分采用砖材建成，雕刻不再追求华丽，多采用简单线条勾勒，多用于教堂建筑。其建筑的下部大多为店铺，有些尖顶被方顶取代。

　　英国是浪漫主义建筑的发源地，最著名的建筑作品是英国议

威斯敏斯特教堂

伦敦的圣吉尔斯教堂

会大厦（也称为威斯敏斯特宫）、伦敦的圣吉尔斯教堂和曼彻斯特市政厅等。浪漫主义建筑主要限于教堂、大学、市政厅等中世纪就有的建筑类型。它在各国的发展不尽相同。大体说来，在英国、德国流行较早较广，而在法国、意大利则不太流行。美国步欧洲建筑的后尘，浪漫主义建筑一度流行，尤其是在大学和教堂等建筑中。耶鲁大学的老校舍就带有欧洲中世纪城堡式建筑风格，它的法学院和校图书馆则是典型的哥特复兴建筑。

阅读分享　趣味测评　图文资讯　拓展视频　微信扫码

现代派建筑

【工业时代的产物】

现代派建筑

现代派建筑是指20世纪中叶，在西方居主导地位的一种建筑思想影响下建造的现代建筑。这种建筑的代表人物主张：建筑师要摆脱传统建筑形式的束缚，大胆创造适应工业化的新建筑。现代派建筑具有鲜明的理性主义和激进主义色彩。

现代派建筑的萌芽

位于伦敦海德公园内的水晶宫（Crystal Palace）是公认的"第一个现代建筑"，是英国工业革命时期的代表性建筑之一。水晶宫建筑面积约7.4万平方米，由英国园艺师约瑟夫·帕克斯顿按照当时建造植物园温室和铁路站棚的方式设计，大部分为钢铁结构，外墙和屋面均为玻璃，整个建筑通体透明，宽敞明亮，故被誉为"水晶宫"。"水晶宫"共用铁柱3300根，铁梁2300根，玻璃9.3万平方米。这样一个由铁与玻璃构筑出来的建筑物，现在看来也许不算什么，但在当时可真是一个奇迹。当时参观过水晶宫的一位清朝官员用"一片晶莹，精彩炫目，高华名贵，璀璨可观"来形容它。由此可见"水晶宫"带来的视觉冲击。

水晶宫的建成极富戏剧性。当时英国承办第一届世界博览会，作为首次世博会的主展厅当然要体现最先进的建筑水平。但究竟什么最先进呢？候选方案层出不穷，候选人争吵不休。直到离博览会开幕只有一年多的时候，方案还没有定下来，主办方急得如热锅上的蚂蚁。按他们熟知的建造教堂的进程，剩下的时间无论如何也建造不出一座"宏伟"的建筑来。绝望的主办方孤注一掷，请来花匠出身的建筑师约瑟夫·帕克斯顿来主持建造。帕克斯顿创造性地（也许借鉴了花房）用9个月时间搭建出了这个563米×124米的圆拱顶大厅，没用任何多余的装饰。所有材料都是工业化生产的，这样的材料、速度和规模在当时引起了巨大轰动。博览会开完之后，水晶宫被拆掉，另择地方重建起来。拆掉之后完全能重建，这在当时也是闻所未闻。

约瑟夫·帕克斯顿因主持设计水晶宫被封为爵士，他也以建造铁和玻璃建筑而闻名。不幸的是，1936年水晶宫毁于一场大火。但新材料的大胆应用、造价和时间的节省、新奇简洁的造型，水晶宫的这些特点后来都成为现代建筑的核心。

除了水晶宫之外，伦敦的桑德兰桥（Sunderland Bridge，1796）和赛文河铁桥（Iron Bridge at Coalbrookdale，1779年）都是当时钢铁结构的杰出代表。

对新建筑的探索

自从哥特式建筑之后，具体点说，是在肋发明之后，到现代派建筑出现之前，几乎没有出现新的建筑构件，建筑的发展更多的是风格的演变。但在工业革命之后，一个新的时代（工业时代）到来，钢铁、水泥等新的建筑材料出现，这些材料的出现使建筑的发展实现了质的飞跃。与砖、石头、木材等相比，铁强度更大，相对轻便，而且便于加工。一方面，这使得建筑的数量开始大幅度地增长，另一方面它使得以前不可能完成的建筑设计变为可能。

铁结构（包括铁与其他材料的结合）带来了建筑上的巨大进步，钢

赛文河铁桥

筋混凝土的出现也可以说是人类建筑史上的一大飞跃。

新的工业材料出现之后，新的建筑理念也随之出现。水晶宫建成以后，各种各样全新的建筑风格和建筑流派开始出现，其中包括：兴起于英国的工艺美术运动、开始于比利时的新艺术运动、奥地利的维也纳学派、美国的芝加哥学派、德意志制造联盟等。

◎ 英国工艺美术运动

在英国古典和中世纪传统并存的社会背景下，英国拒绝了欧洲大陆的巴洛克艺术而更倾向于中世纪哥特文化传统的复兴，这种倾向一直持续到19世纪。为使建筑质量不断提高，他们强调中世纪的精神部分超过可视的、物质的概念，从而获得观念的、抽象的道德纯粹性，这种思潮被称为工艺美术运动（Arts and Crafts Movement）。其代表人物有拉什金（John Ruskin, 1819～1900）和威廉·莫里斯（William Morris, 1834～1896年）等，他们对工业化采取了排斥的态度，甚至要求家具、栏杆、生活用品全部用手工制造。莫里斯的"红屋"（Red House, 1860）全部用红砖建造而成，不加粉刷，整体布局完全出于实用功能的需要，是工艺美术运动的代表性建筑。

　　19世纪，大规模生产和工业化兴起，工艺美术运动意在抵抗这一趋势而重建手工艺的价值。工艺美术运动兴起于英国，其领袖人物威廉·莫里斯是英国著名艺术家、诗人。在抵制工业化的同时，他提倡合

莫里斯的"红屋"（Red House）的前面

理地服从于材料性质和生产工艺，重视生产技术和设计艺术的区分，认为"美就是价值，就是功能"。莫里斯有句名言："不要在你家里放一件虽然你认为有用，但你认为并不美的东西。"可见莫里斯强调功能与美的统一。

这个运动产生伊始，1888年在伦敦成立了工艺美术展览协会（The Arts & Crafts Exhibition Society）。该协会成立后，连续不断地举行了一系列设计展览，为英国提供了一个了解优良设计、领略高雅设计品的机会，从而促进了工艺美术运动的发展。这种倾向为20世纪现代主义的出现做好了铺垫。19世纪下半叶，"工艺美术运动"的兴起标志着现代设计时代的到来。

◎ 新艺术运动

新艺术运动（Art Nouveau）是19世纪末20世纪初风行于欧洲的一种建筑、美术及实用艺术风格。就像哥特式、巴洛克式和洛可可式一样，新艺术的风靡，显示了欧洲文化基本上的统一性，同时也表明各种思潮在不断演化与相互融会。该流派认为以往的装饰都过时了，为适应新的发展必须创造一种全新的、简洁的、植物的美，这正是工业化时代所需要的。铁是一种全新的材料，易于加工，非常适合表现植物的曲线，所以铁被大量地用作装饰，铁艺从此诞生。新艺术最典型的纹样都是从自然草木中抽象出来的，多是流动的形态和蜿蜒交织的线条，充满了内在活力，体现了隐藏于自然生命表面形式之下无休无止的创造过程。这些纹样被用在建筑和设计的各个方面，成了自然生命的象征和隐喻。同时，新艺术运动强调整体艺术环境，即人类视觉环境中的任何人为因素都应精心设计，以获得和谐一致的总体艺术效果。

"新艺术派"建筑在朴素地运用新材料、新结构的同时，处处浸透着艺术的考虑。建筑内外的金属构件有许多曲线，冷硬的金属材料被柔化了，结构显出韵律感。"新艺术派"建筑是努力使工业与艺术在房屋建筑上融合起来的一次尝试。

该运动的创始人凡·德·费尔德（Henry van de Velde，1863～1957），后来就任德国魏玛艺术学校的校长。布鲁塞尔的都灵路12号住宅（12 Rue de Turin，1893）是其代表作。新艺术运动在英国和德国的影响最大。其在德国的代表人物是彼得·贝伦斯（Peter Behrens，1868～1940），在英国的代表人物是麦金托什（Charles Rennie Mackintosh，1868～1928）。

◎ 麦金托什与格拉斯哥学派

麦金托什，1868年出生于格拉斯哥，是苏格兰著名的艺术家、建筑师和设计者，这位奇才创建出了属于自己的艺术风格，最后却在穷困潦倒中落寞地死去。麦金托什也是格拉斯哥学派的创建者之一。

格拉斯哥学派由麦金托什和他的三个伙伴共同创建。他们主张建筑应顺应形势，不要再反对机器和工业，同时他们也抛弃了英国工艺美术运动以曲线为主的装饰手法，改用直线和简明快捷的色彩进行设计。室内设计常用白色墙面，家具以黑白两色为主，形成自己独特的风格。这在当时打破了英国工艺美

格拉斯哥博物馆

术运动一统天下的局面，打破了长期以来英国设计界的沉闷气氛。格拉斯哥学派对维也纳分离派有过影响。风山住宅、格拉斯哥艺术学院等是格拉斯哥学派的代表性建筑。

◎ 维也纳学派

19世纪90年代末，受新艺术运动的影响，在奥地利的维也纳形成了以瓦格纳为代表人物的建筑流派。他们主张建筑形式应是对材料、结构与功能的合乎逻辑的表述，反对历史样式在建筑上的重演。奥托·瓦格纳（Otto Wagner，1841~1918）、阿道夫·路斯（Adolf Loos，1870~1933）是其代表人物。瓦格纳设计的维也纳邮政储蓄银行（1905）和Steiner宅（1910）是其代表建筑。维也纳学派的影响波及荷兰与芬兰。和维也纳学派遥相呼应的有荷兰的贝尔拉格（Hendrik P. Berlage，1856~1934）、芬兰的埃利尔·沙里宁（Eliel Saarinen，1873~1950）。他们也主张建筑应减少装饰，其中极端的人甚至宣称"装饰是罪恶"。最坚决的一部分人自称"分离派"（Secession），是1897年维也纳学派中的部分成员成立的建筑派系。分离派主张造型简洁和集中装饰，装饰的主题采用直线和大片光墙面以及简单的立方体。分离派的代表人物是霍夫曼（J.Hoffmann），其代表作品是分离派展览馆。

◎ 贝伦斯与德意志制造联盟

彼得·贝伦斯年轻时是德国新艺术运动的代表人物。后来，贝伦斯成为"德意志制造联盟"的领袖，德国通用电气公司的涡轮车间（AEG Turbine Factory，1909）是其代表作品之一。钢结构、大拱、大玻璃窗是其建筑特点。钢结构骨架，不要柱子支撑的大拱为建筑留出了宽敞的内部空间，大玻璃窗为内部空间提供了充足的光线，这些都体现出现代派建筑的特点。然而，其大拱侧面上的装饰，仍然没有摆脱希腊神庙山花的影响，石头转角处厚重得有点累赘。沃尔特·格罗佩斯、密斯·凡·德·罗与勒·柯布西耶是先后从贝伦斯事务所走出来的对后世有重大影响的建筑师。

◎巴塞罗那的高迪

巴塞罗那是一个极富个性色彩的城市，在这个城市中有不少富有个性的建筑，这些建筑有不少出自西班牙建筑师高迪（Antonio Gaudi，1852～1926）之手，他与巴塞罗那有着不解之缘，他一生的设计都是围绕着这座城市进行的。虽然高迪是一位不属于任何新艺术运动流派的建筑家，但其意旨与新艺术运动相似。其建筑风格带有明显的拉丁民族色彩，他常用鲜艳的彩色砖与大量的彩色玻璃窗营造出瑰丽的光线效果，用旋转的楼梯、突兀而变形的墙面制造出离奇的空间感。圣家族教堂（Sagrada Familia）、米拉公寓（Casa Mila）、古爱公园（Park Guell）是其代表性

巴塞罗那的圣家族教堂（Sagrada Familia）

建筑。

巴塞罗那的高迪建筑共有9幢，其中最著名的莫过于巴塞罗那的"地标"——圣家族教堂，其外形宏伟，造型怪异，8个像玉蜀黍一样的尖塔让人惊艳。圣家族教堂混合了各种建筑风格，用植物和抽象图案作为装饰非常有个性，整体给人一种迷幻感。该教堂从1882年开始修建，直到1926年高迪不幸被电车撞死，该建筑还没有完工。

讲究曲线的运用是高迪的建筑风格。他认为直线是人为的，曲线才是自然的。所以，他的建筑设计，绝不会是规规矩矩的方形。米拉公寓和古爱公园就很好地体现了这一点。米拉公寓（1907）外观呈现出一种奇妙的流动感，好像风在沙滩上吹出来的形状，但其内部空间却很实用。古爱公园（1914）对于我们的想象力是一个不小的考验，高迪用扭动的曲线和明亮的色彩将我们带入了一个童话世界。

高迪是一个超时代的怪才，是一个充满传奇色彩的人物，他用现代派绘画的笔触和线条创造出了极富个性的建筑风格，将建筑、雕塑以及其他各种造型手法巧妙地结合在一起，营造出了一个梦幻般的世界。高迪一生未娶，这看起来似乎有点不合逻辑，因为大多数人认为：搞艺术的会比普通人情感更丰富。整个巴塞罗那乃至西班牙的建筑天才、大师，那样一个笃信幻想和童心，率真而感性的人，却在毕生里没有显示出对异性的渴慕，只是冷冰冰地说过："为避免陷于失望，不应受幻觉诱惑。"

◎芝加哥学派与沙利文

美国作为新兴的资本主义国家，直到芝加哥学派出现之前，都没有形成自己的建筑风格。在此之前，他们更多的是模仿欧洲，尤其是欧洲的古典主义，白宫、国会山、最高法院及一些老牌大学的老建筑等都是模仿古典主义修建而成的。作为美国出现的第一个建筑学派，芝加哥学派存在的时间虽然不长，但不管是对美国，还是对世界建筑都产生了深远影响。

19世纪以前，芝加哥还只是美国中西部的一个小镇，1837年这里仅有4000人左右。但是由于美国政府的西部开拓政策，这个位于东西部交通要道的小镇迅速发展起来，到1890年人口增至100万。经济的发达、人口的快速膨胀刺激了建筑业的发展，这为芝加哥学派的出现提供了前提。而1871年10月发生在芝加哥市中心的一场大火几乎毁掉了全市1/3的建筑，这更加剧了居民对新建房屋的需求，也为芝加哥学派的出现提供了契机。就是在这样的背景之下，芝加哥出现了一个从事高层商业建筑的建筑师群体，后来被称作"芝加哥学派"。重时效、尽量扩大利润是当时芝加哥学派压倒一切的宗旨。他们使用全框架铁结构，使楼层超过10层甚至更高。这使得楼房的立面大为净化和简化。为了增加室内的光线和通风，出现了宽度大于高度的横向窗子，被称为"芝加哥窗"。高层、铁框架、横向大窗、简单的立面就成为"芝加哥学派"的建筑特点。办公大楼、高层公寓、百货大楼等建筑形式都是在芝加哥学派这里最初定型的。

芝加哥的信托大楼（Reliance Building, 1894）和布法罗的信托银行大楼（Guaranty Trust Building, 1895年）等是芝加哥学派的代表性建筑。

亨利·理查森（Henry H. Richardson，1838～1886）和路易斯·沙利文（Louis H. Sullivan，1856～1924）是芝加哥学派的代表人物。其中，路易斯·沙利文是该学派的领袖人物，他说过"形式跟从功能"，这句话既体现了美国的实用主义哲学，也体现了时代精神。他还为高层建筑的设计制定了一些规则：动力、取暖、照明等设施在地下室；底层用于商店或银行等服务机构，空间要宽敞、采光要好；二楼是底楼功能

芝加哥的信托大楼（Reliance Building）

的延伸，要有直通的楼梯与底层相连；二楼以上是相同结构的办公室；最上面一层是安装水箱等的设备间。即使是在今天，这些规则在大多数高层建筑中都有所体现。

"芝加哥学派"的建筑师们积极采用新材料、新技术，解决高层商业建筑的功能需要，创造了具有新风格的建筑，为现代派建筑的出现奠定了基础。但是，当时大多数美国人认为这种新建筑缺少历史传统和文化积淀，没有深度，没有分量，只是特殊地点、特殊时间为解燃眉之急而出现的特殊建筑。因此，该学派只存于芝加哥，并且大约10年之后便烟消云散了。路易斯·沙利文最后破产，于1924年在穷困潦倒中故去。这说明20世纪初，传统的建筑观念在美国乃至全世界仍然相当强大。

弗兰克·劳埃德·赖特是从路易斯·沙利文的事务所走出来的对后世建筑有很大影响的建筑师。

无论是工艺美术运动、新艺术运动、德意志制造联盟，还是奥地利的维也纳学派、美国的芝加哥学派，他们都在某种程度上适应了工业化的需要，把握住了时代的精神，其建筑风格总体上面向现代化，尽量减少装饰，注重艺术性与实用性的统一。这为真正的现代派建筑的出现奠定了基础。

现代派（Modernism）建筑跟现代派绘画一样，并不是指现代的、时下的建筑，而是一个流派，一个流行于20世纪20至60年代的建筑流派。格罗佩斯、柯布西耶、密斯与赖特是现代派建筑的主要代表人物，他们也是20世纪前期最重要的建筑师。

◎格罗佩斯与包豪斯校舍

沃尔特·格罗佩斯（Walter Gropius，也译作"格罗皮乌斯"，1883～1969），是第一代现代建筑大师之一，也是20世纪最重要的建筑

格罗佩斯设计的位于德绍的包豪斯建筑

西洋建筑

一二

教育家，设计学校先驱包豪斯的创办者之一。格罗佩斯出生于德国柏林，其父亲也是一位建筑师。他少年时代曾就读于慕尼黑和柏林的理工学院建筑学科。从1908~1910年，他进入了当时最有名的贝伦斯设计事务所工作，除建筑设计外，他还完成了许多重要的室内设计。1910年格罗佩斯加入"德意志制造联盟"，同年与阿道夫合作成立设计事务所，完成了"法古斯工厂"建筑厂房等一批现代建筑。他从"德意志制造联盟"的贝伦斯那里继承了简单化和实用化的建筑风格。德国魏玛艺术学校的校长费尔德离任后，1919年格罗佩斯得以继任，成为魏玛工艺设计学校的校长。他很快着手将另一所美术学校合并，成立了后来对现代社会影响最大的设计学派包豪斯学院，并担任校长，直到1928年初辞职。在此期间，格罗佩斯以自己的才华汇集了一批当时一流的建筑师、设计师和艺术家，其中包括抽象主义绘画代表人物康定斯基（Wassily Kandinsky，1866~1944）、超现实主义绘画代表人物胡安·米罗（Joan Miró，1893~1983）等。他创造出一套设计教育体系，其学生遍布世界各地，并带动了世界范围内的现代设计运动。

包豪斯是当时欧洲激进的艺术堡垒之一。包豪斯的开拓与创新引起了保守势力的敌视，1925年它迁往德国东部的德绍。从那时起，包豪斯开设了平面构成、立体构成、色彩构成等课程，为现代建筑设计的形成奠定了基础。格罗佩斯还在学校里专门创办了建筑系，并由他亲自领导，建立起现代教育体系。格罗佩斯在此期间设计的包豪斯校舍被誉为现代建筑设计史上的里程碑。该校舍包括教室、礼堂、饭堂、车间等，具有多种实实在在的实用功能，楼内的一间间房屋面向走廊，走廊面向阳光用玻璃环绕。格罗佩斯让校舍呈现为普普通通的四方形，尽情体现着建筑结构和材料本身质感的优美和力度，令世人看到了20世纪建筑直线条的明朗和新材料的庄重。并且，建筑的外层面不用墙体而用玻璃，这一创举为现代建筑所广泛采用。

　　包豪斯与芝加哥学派有着相似的动机和命运。历时四年的第一次世界大战终于结束了，德国近四分之三的城市在战火中成为一片废墟，废墟上的德国为战败的阴影所笼罩。一战的战败使德国陷入了前所未有的危机中，大量失业的工人急需便宜耐用的住宅。构图简单灵活、布局实用、建筑材料便于大批量生产的包豪斯建筑正好适应了这一要求。因此，其风格也被后人称为"理性主义"或"功能主义"。

　　今天在世界许多城市依然可以看见格罗佩斯"里程碑"式的楼宇，这充分证明着格罗佩斯的伟大。1928年，格罗佩斯辞去了包豪斯校长的职务，因为那些看不惯包豪斯设计风格的人认为：包豪斯的楼房不仅是反传统的，而且是从莫斯科移植来的，渗透着苏维埃红色势力的影响。一战后，苏军占领了德国的许多城市，因此红色苏维埃在德国人心里留下了难以忘却的历史伤痛。正是这种伤痛使保守势力对包豪斯的攻击就更具杀伤力。1932年，纳粹党强行关闭了包豪斯。当时的校长带领着学生流亡柏林，学校勉强维持至1933年，直至校舍被纳粹军队占领。从此，格罗佩斯的包豪斯消失了。为生活所迫，格罗佩斯于1934年先去英国，后又于1937年应邀去美国出任哈佛大学建筑教授，同时继续着他的建筑设计活动。

◎柯布西耶——粗野主义的先锋

　　勒·柯布西耶（Le Corbusier，1886～1965）出生在瑞士西北靠近法国边界的小镇，父母都从事钟表制造，少时曾在故乡的钟表技术学校学习，对美术感兴趣，1907年先后到布达佩斯和巴黎学习建筑。1917年定居巴黎，到以运用钢筋混凝土著名的建筑师奥古斯特·贝瑞处学习，后来又到德国贝伦斯事务所工作，彼得·贝伦斯事务所以尝试利用新的建筑处理手法设计新颖的工业建筑而闻名。

　　柯布西耶的现代主义思想理论集中反映在他的重要论文集《走向新建筑》中，他否定设计上的复古主义和折中主义，在强调设计功能至上方面，观点与格罗佩斯基本一致。柯布西耶提倡的"现代主义建筑"强调建筑要随时代而发展，现代建筑应同工业化社会相适应；强调建筑师要研究和解决建筑的实用功能和经济问题；主张积极采用新材料、新结构，在建筑设计中发挥新材料、新结构的特性；主张坚决摆脱过时的建筑样式的束缚，放手创造新的建筑风格；主张发展新的建筑美学，创造建筑新风格。这些理论为现代派建筑的形成和发展做出了重要贡献。

　　萨伏伊别墅（the Villa Savoye）是现代建筑运动中著名的代表作之一，它是柯布西耶纯粹主义的杰作，也是最能体现柯布西耶建筑观点的作品。这个由简单的几何形体构成的房屋底层用独立支柱支撑；二层是建筑的主题，房间的主要部分都放在二层；屋顶有花园；有横向长窗；有不承重的自由立面和自由平面。这些都体现了柯布西耶所提出的新建

萨伏伊别墅

筑的特点。萨伏伊别墅外表虽然简单，但其内部空间却很复杂。不仅采用了当时不多见的旋转式楼梯，而且上下两层之间主要靠平滑的斜面连接，这样一来，空间的连续性增加了。

二战时柯布西耶为生活所迫到了美国，战后他又回到了法国，继续发挥着自己的想象力。柯布西耶的想象力近乎疯狂，马赛公寓（1946年）就是其想象力的最好体现。这是一个为解决当时住宅紧缺而建造的公寓楼。柯布西耶将可容纳1600人的大楼设计成了一个可以自给自足的住宅单位，里面不仅有商店、面包房等，还有幼儿园、电影院等。根据设想，这种大楼就是未来城市的"居住单位"。可惜的是，由于种种的限制，特别是当时法国政府的保守，柯布西耶的许多想法都不能变成现实。

印度给了柯布西耶机会，他对未来城市的设想，在20世纪50年代初印度的昌迪加尔城（Chandigarh）得到了部分实现。该城是印度旁遮

柯布西耶设计的法国朗香（Ronchamp）教堂

普省新建的省会，柯布西耶为该城做了规划，并设计了几幢主要的行政大楼。混凝土预制板构造的大屋顶和大框架大量使用，使得建筑既能遮阳，又能保证穿堂风的流通，这有效地解决了当地气候干热的问题。

柯布西耶在马赛公寓和昌迪加尔城的建筑中使用了未经处理的混凝土预制板，这给人一种建筑尚未完成的感觉。并且，各构件之间又大多直接相连，非常突然，好像是撞在一起的。后人称这种风格为"粗野主义"（Brutalism）。"粗野主义"引发了后人的争论，促进了现代建筑思潮的兴起。

法国朗香教堂（La Chapelle de Ronchamp，1953）是柯布西耶留给我们的经典。整个建筑线条稚拙，给人的感觉就像一幅现代抽象画。柯布西耶说这座教堂是一个"听觉器官"，恐怕很少有人能看懂。这与他以前崇尚简单几何体的风格截然不同，也许可以看作是他的一次蜕变吧。朗香教堂为柯布西耶从后现代批评者那里挽回了不少面子。

◎密斯——钢结构与玻璃墙的创始者

密斯·凡·德·罗（Mies van der Rohe，1886～1969），是20世纪中期世界上最著名的四位现代建筑大师之一。"少就是多"（Less is more）是其最为著名的建筑设计哲学，在处理手法上密斯主张流动空间的新概念。密斯设计作品中各个细部精简到不可再简的绝对境界，不少作品结构几乎完全暴露，但它们高贵、雅致，使结构本身升华为建筑艺术。

1886年，密斯出生在德国亚琛一个石匠家庭。他没有受过正式的建筑学教育，基本上靠自学成材。他对建筑最初的认识与理解始于父亲的石匠作坊和亚琛精美的古建筑。密斯的建筑思想与理念是从实践和体验中得来的，无论是在柏林的布鲁诺·保罗事务所当学徒，还是在

1929年巴塞罗那世博会德国馆

彼得·贝伦斯手下做绘图员，或者是在柏林开办自己的事务所，密斯都兢兢业业，正是这些经历使密斯一步步走向成熟。1927年密斯被任命为"德意志制造联盟"的副主席，1930年他继格罗佩斯之后成为包豪斯校长，直到1933年学校被解散。

1929年巴塞罗那世博会的德国馆（Barcelona Pavilion）是其二战前的代表建筑。该建筑很好地体现了"少就是多"的建筑哲学。这是一座只要看了就永远不会忘记的建筑。墙、屋顶、柱子搭在一起，各部分全用直角相接，没有任何过渡，更没有任何装饰，大理石墙面保持着原有的色泽，给人的感觉非常高雅。在这次世博会上还展出了他的一个经典设计——金属藤椅（Cane Metal Chair），这个椅子也体现了其"少就是多"的设计理念，它被无数室内设计师称为"巴塞罗那椅"。

密斯到了美国后成为伊利诺斯州工学院（IIT）建筑系的系主任。

密斯设计的纽约西格拉姆大厦（Seagram Building）

美国不仅成为密斯的避风港湾，而且为其继续自己的设计梦想提供了舞台。IIT建筑馆（Crown Hall，1955）和Farnsworth宅（1950）都是其后期的作品，具有非常相似的风格。IIT建筑馆是一个完全靠外部的钢柱支撑的结构，整体用玻璃墙围起来，就是一个玻璃大空间，加工车间、厕所、储藏室等都在半地下。Farnsworth宅也是由外部的钢结构支撑的玻璃住宅，四周透明，设计得十分精巧。建筑本身十分完美，但用作住宅似乎就有点不合适，毕竟人们都希望保留自己的私人空间。

钢和玻璃的组合是密斯建筑中的惯用手法。钢框架加玻璃幕墙的摩天大楼的构想，也被称为"密斯风格"。早在1919年密斯就意识到钢与玻璃的组合非常适合高楼，美国为其提供了实施的空间。芝加哥的湖滨公寓（Lake Shore Apartment，1953）和纽约的西格拉姆大厦（Seagram Building，1958）是该种风格建筑的典型代表。建于1954~1958年的纽约西格拉姆大厦，高158米，是密斯和菲利普·约翰逊共同设计完成的。该大厦的落成使密斯在美国的名声达到了顶峰。这座38层的大厦外形极为简单，但综合了当时已知的各种先进技术，其内部设施非常健全。大规模地使用玻璃组成的玻璃幕墙更是后来诸多摩天大楼纷纷效仿的对象。与以前相比，这时的密斯更加注意细节和各种新技术的应用，这和"少就是多"的原则有了一定的距离。这与美国政府的各种规定也有关。美国规定：为了防火，建筑物的主要结构必须用混凝土构建而成。可能是为了安全起见，密斯没有像芝加哥学派那样仅仅满足于用混凝土包住支撑的钢结构，而且是用铜将混凝土又包了一遍。虽然这样不仅使大厦更安全、坚固，而且方便了传热，但工程费用明显会比原来高出很多。可能密斯没有把大厦仅仅看作是一座大厦，在他眼里这更是一件完美的作品。到了后现代时期，"所谓的浪费"使密斯所遭受的批评并不比柯布西耶少。

密斯生前最后的作品西柏林新国家美术馆（National Gallery, Berlin, 1968）保持了他钢与玻璃结合的风格。该美术馆本身就是一件钢与玻璃的雕塑，馆内陈列着从印象派到表现主义、现实主义、立体主义的大量绘画作品，乃至亨利·摩尔等人的大型雕塑。

◎ 赖特——建筑田园诗人

弗兰克·劳埃德·赖特（Frank Lloyd Wright, 1869~1959）是20世纪前期继格罗佩斯、柯布西耶与密斯之后的第四位建筑大师，1869年出生在威斯康辛州，1959年91岁的赖特在亚利桑那州故去。赖特的父亲是一个音乐家、传教士；母亲是个老师，来自威斯康辛州的威尔士家庭；赖特还有两个妹妹。早年，他们一家人过着游牧式的生活。从11岁开始，赖特在Madison待了9年，他总是和他的叔叔詹姆斯·琼斯（James Lloyd Jones）一起在Taliesin hill附近的农场里度过夏天。这段早年的农村生活经历对赖特的影响非常深。赖特总是对他的学生说："你们应当了解大自然、热爱大自然、亲近大自然，它永远都不会亏待你的。"赖特作品也反映了对社会和人们需要的一种本能关注和对自然的追求。赖特甚至被称为"二十世纪建筑界的浪漫主义者和田园诗人"。1885年他的父母离婚，那之后赖特再也没有见过他的父亲。

赖特设计的东京帝国大厦（饭店）俯瞰图

　　与当时的其他三位大师相比，赖特并不十分排斥装饰，但强调建筑的整体效果必须和环境相协调。赖特并不认为自己是现代派建筑师，他曾拒绝格罗佩斯和柯布西耶的会面请求，但他主动邀请密斯会面。

　　赖特也是一位非常多产的建筑大师。东京帝国大厦（饭店）、流水别墅、罗宾别墅、约翰逊蜡烛公司总部、西塔里埃森、古根海姆美术馆、普赖斯大厦、唯一教堂、佛罗里达南方学院教堂等都是其代表作品。芝加哥郊区的草原住宅（Prairie House，1907年左右）是其早期作品的代表之一。他从"芝加哥学派"的沙利文的事务所走出来之后，来到了美国西部，西部优美的自然风光给了赖特不少灵感。为了配合平原的自然风光，赖特使用了水平的大屋檐和花台，这突出了空间的开阔感。坐在这样的屋子里享受草原的日落黄昏确实是无比美好的事。这样的草原住宅为西欧的建筑师提供了方向。

日本东京的帝国大厦（饭店）（Imperial Hotel，1922）也是赖特作品中的精品。该建筑将东西方文化很好地融合在一起。由于日本经常发生地震，"抗震"能力就成为建筑成功与否的重要指标。赖特在该建筑的设计过程中发明了管线深埋、悬臂结构、铜制屋顶等许多减少地震损失的方法。1923年日本关西发生大地震，帝国饭店周围的房屋无一幸免，而这座建筑却丝毫未损。

"流水别墅"更是赖特建筑中最负盛名的作品，为世界经典建筑之一。其真实名称是匹茨堡附近的Kaufmann宅（Kaufmann House on Waterfall，1936）。之所以叫作"流水别墅"，是因为它确实坐落在一条小溪之上，可谓名副其实。该建筑从外表上看似乎是无意间堆积起来的大块简单几何体，但其空间动势与小溪流动很好地融合在一起，非常和谐统一。

二战后，赖特年事已高，作品因此并不多。其中，在他逝世后才得以落成的纽约古根海姆艺术馆（Guggenheim Museum，NY）是其后期最著名的作品。该艺术馆外观呈螺旋形，整个建筑实际上就是一条盘旋而上的长廊，可以从底层沿斜坡一直走到顶层，照射进大厦中央透明屋顶的自然光为艺术馆主要的采光光源。大厦设计得非常有创意，也非常有个性，赖特也认为这是自己的得意之作。然而，倾斜的墙壁上如何悬挂绘画作品成为一个艺术馆管理人员不得不面对的问题，并且大厦内部的斜坡也太窄，有的观众会抱怨：想退后一点欣赏绘画也不可能。在赖特传奇在建筑界不断被神化的今天，这点"小问题"已经不是问题。

◎老沙里宁——设计之父

埃利尔·沙里宁不仅是"维也纳学派"在芬兰的代表人物、北欧现代设计学派的鼻祖，也是美国现代设计之父。由于沙里宁的儿子也是著名的建筑师，因此他也被称作老沙里宁。老沙里宁是一位天才艺术家，他年轻时在赫尔辛基大学艺术学院学习绘画，同时在赫尔辛基理工大学建筑系学习设计，于1897年毕业。老沙里宁的建筑设计风格受到英国格拉斯哥学派和维也纳分离派的双重影响。赫尔辛基火车站是老沙里宁建筑设计的代表作品。一百年来，该火车站一直发挥着自己的功能，同时也成为赫尔辛基的标志性建筑。

北欧现代设计学派在现代设计运动中独树一帜，在设计界确立起了自己的地位，尤其是在二战以后，北欧学派更成为现代设计中举足轻重的流派。瑞典、丹麦、芬兰在不同的发展时期分别引领着北欧学派的潮流。三四十年代是瑞典的天下，五六十年代的丹麦势力最强，而芬兰在每个时代都有自己独特的贡献，在六十年代以后明显处于领导地位。

北欧学派大师林立，埃利尔·沙里宁是该学派的开山鼻祖，他在城市规划、建筑设计、室内设计、家具设计、工业设计等几乎所有的设计领域全面开花，取得了综合的成就。同时，老沙里宁开办的专门的设计学校不仅在他的祖国芬兰和北欧，也在他"后来的祖国"美国培养了一大批顶尖级大师。

赫尔辛基火车站的主体建筑

老沙里宁是芬兰民族浪漫主义建筑的领导人物之一，在1912年加入"德意志制造联盟"。1922年他荣获美国芝加哥国际设计竞赛二等奖。随后携妻子移居美国，先在密歇根大学建筑系任客座教授，次年遇到美国新闻界巨头乔治·波琪（George C. Booth），两人共同制定设立匡溪设计学院的计划。

　　1932年匡溪艺术设计学院正式成立，老沙里宁担任第一任校长，并在此前规划设计了包括主体建筑在内的整个校园。匡溪设计学院是美国现代设计大师的摇篮，这里培养了小沙里宁、伊莫斯（Charles Eames）、伯托埃（Harrv Bertoia）等一大批设计领域的大师。因此，老沙里宁也被誉为"美国现代设计之父"。

◎ 风格派

　　彼得·奥德（J. J. Pieter Oud，1890~1963）是荷兰风格派在建筑方面的代表人物。风格派是20世纪艺术界一个非常有名的团体。1917年，荷兰一些青年艺术家，包括画家蒙德利安（Piet Mondrian，1872~1944）、万·陶斯柏（Theo Van Doesberg），雕刻家万顿吉罗（G.Vantongerloo），建筑师奥德（J.J.Pieter Oud）、里特维德（G.T.Rietveld）等，共同组成了一个名为"风格"派的现代造型艺术团体。他们认为有基本几何形象的组合和构图的作品是最好的艺术。该派的代表人物蒙德利安认为绘画是由线条和颜色构成的，线条和色彩是绘画的本质，应该允许独立存在。用最简单的几何形和最纯粹的色彩组成的构图才是有普遍意义的永恒绘画。风格派有时又被称为"新造型派"（Ner-plasticism）或"要素派"（Elementarism）。总的来说，风格派是20世纪初期在法国产生的立体派（Cubism）艺术的分支和变种。

　　风格派和构成派（一战前后，俄国一些青年艺术家也把抽象几何形体组成的空间当作绘画和雕刻的内容，逐渐形成了构成派，它与风格派的主张相似）都热衷于几何形体、空间和色彩的构图效果。荷兰乌德勒支（Utrecht）地方的一所住宅最能体现风格派的建筑特征。风格派和

奥德1924年设计的位于鹿特丹的
建筑

构成派在造型和构图的视觉效果方面进行的探索是有价值的。新材料的出现使技术和工艺逐步改进，从而使社会经济条件和生活方式逐渐变化，人们的审美观也随之改变。因此，对于形式和空间做试探性研究是现代生产和生活提出来的客观要求。风格派、构成派以及现代西方其他许多艺术流派在这些方面所做的试验和探索对现代建筑及实用工业品的造型设计是有启发意义的。

后现代建筑

后现代建筑

第二次世界大战结束后，现代主义建筑成为世界许多地区占主导地位的建筑潮流。但是在现代主义建筑阵营内部很快就出现了分歧，一些人对现代主义的建筑观点和风格提出怀疑和批评。1966年，美国建筑师文丘里在《建筑的复杂性和矛盾性》一书中，提出了一套与现代主义建筑针锋相对的建筑理论和主张，在建筑界特别是年轻的建筑师和建筑系学生中，引起了震动和响应。到20世纪70年代，建筑界中反对和背离现代主义的倾向更加强烈。对于这种倾向，曾经有过不同的称呼，如"反现代主义""现代主义之后"和"后现代主义"，其中"后现代主义"用得较广。

什么是后现代建筑

所谓"后现代主义"不是指一种学说或学派，它是一个时代、一种文化处境和现象，是20世纪60年代大致产生于法、美的一种文化趋势，它甚至并不是主流趋势，而是一种泛文化的情绪和感受。对于后现代派来说，并没有形成统一的风格、明确的指导性理论。

对于什么是后现代主义，什么是后现代主义建筑的主要特征，人们并无一致的理解。美国建筑师斯特恩提出后现代主义建筑有三个特征：采用装饰；具有象征性或隐喻性；与现有环境融合。现在，一般认为真正给后现代主义提出较完整指导思想的是文丘里，虽然他本人不愿被人看作是后现代主义者，但他的言论在启发和推动后现代主义运动方面起了重要作用。

　　文丘里批评现代主义建筑师热衷于革新而忘了自己应是"保持传统的专家"。文丘里提出的保持传统的做法是"利用传统部件和适当引进新的部件组成独特的总体"，"通过非传统的方法组合传统部件"。他主张汲取民间建筑的手法，特别赞赏美国商业街道上自发形成的建筑环境。文丘里概括说："对艺术家来说，创新可能就意味着从旧的现存东西中挑挑拣拣。"实际上，这就是后现代主义建筑师的基本创作方法。

　　人们对后现代主义的看法存在着分歧，又往往同对现代主义建筑的看法相关。部分人认为现代主义只重视功能、技术和经济的影响，忽视和切断了新建筑和传统建筑的联系，因而不能满足一般群众对建筑的要求。他们特别指责与现代主义相联系的国际式建筑同各民族、各地区的原有建筑文化不能协调，破坏了原有的建筑环境。

文丘里为其母设计的Chestnut山住宅正面

此外，经过70年代的能源危机，许多人认为现代主义建筑并不比传统建筑经济实惠，需要改变对传统建筑的态度。也有人认为现代主义反映了产业革命和工业化时期的要求，而一些发达国家已经超越这个时期，因而现代主义不再适合新情况了。持上述观点的人寄希望于后现代主义。

反对后现代主义的人则认为现代主义建筑会随时代而发展，不应否定现代主义的基本原则。他们认为：现代主义把建筑设计和建筑艺术创作同社会物质生产条件结合起来是正确的，主张建筑师关心社会问题也是应该的。相反，后现代主义者所关心的主要是装饰、象征、隐喻传统、历史，而忽视了许多实际问题。

也有人认为后现代主义者指出现代主义的缺点是有道理的，但开出的药方并不可取。他们认为后现代主义者迄今拿出的实际作品，就形式而言，拙劣而平庸，不登大雅之堂。还有人认为后现代主义者并没有提出什么严肃认真的理论，但他们在建筑形式方面突破了常规，他们的作品有启发性。

后现代建筑的重要手段

钢筋混凝土是一种非常理想的建筑材料。钢筋混凝土不仅强度大，而且自身重量相对较轻。这样一来，楼层就可以做得薄一些，建筑物的跨度也可以很大。古埃及人及古希腊罗马人可望而不可即的理想终于变成了现实。跨度达218米的法国国家工业与技术中心陈列大厅，其混凝土壳层的厚度仅12厘米。这是钢筋混凝土创造的建筑史上的奇迹。随着时间的推移、社会的进步，奇迹在不断被重新创造。1960年奥运会罗马小体育宫（Palazzeto Dellospori of Rome，1957年建）的壳层厚度仅1

厘米左右。联合国教科文组织的会议大厅（1958）应用了折板结构，这也是一种全新的大跨度空间构建方法。

　　混凝土预制件在现代派时期就为格罗佩斯、柯布西耶和密斯所青睐，在他们的建筑中常常可以见到混凝土预制件的影子，尤其是在柯布西耶的建筑作品最为常见。预制件的出现使几千年来一直延续的现场一砖一石地盖建房子的方式遭到淘汰。英国的海德公寓（Hide Tower，1961）就因大量使用混凝土预制件而闻名。

　　悬索结构在我国流行的斜拉桥上非常常见。如上海杨浦大桥是斜拉桥，江阴长江大桥是悬索桥，它们都属于悬索结构。悬索结构将结构内力用长于收拉的钢索及长于受压的钢筋混凝土或钢结构拉开，从而使其受力合理，节省耗材，成为十分先进的结构形式。悬索结构多以曲面形式出现，建筑轮廓流畅，形态优美。其实，悬索结构不仅应用在大

空中俯瞰千年穹顶

桥建设上，在许多著名的建筑上可以看到它的应用。1953年建成的美国Releigh体育馆有世界上最早的现代悬索屋顶。2000年建成的英国伦敦的"千年穹顶"（Millennium Dome）大量运用了悬索结构。

金属玻璃幕墙几乎是"密斯风格"的代名词。这种新型的结构为高层建筑的流行奠定了基础。但这种结构也存在自身的缺点，例如玻璃是透明的，在这样的建筑物中很难保障隐私；并且玻璃的透光性强，又绝热，这使得室内温度偏高。在"光污染"越来越严重的今天，这个问题也变得越来越突出。还好，空调的出现暂时为我们降了温。

技术进步的同时，"整体规划"这一理念日益成熟和进步。"整体规划"出现得比较早，在遥远的古代就已经有了。古代君王对属于自己的城市进行规划就应该算"整体规划"，只不过那时的规划还不成熟。法兰西第二帝国时对巴黎的全面改造计划应属于典型的"整体规划"。法国古典主义的许多建筑就诞生在这一时期，如凯旋门附近的星形广场等。这一改造计划也确立了现代巴黎的格局。规划之后的城市布局更加合理，交通状况会有很大改观。因此，类似的改造计划在伦敦、纽约等城市都出现了。

二战给欧洲的许多城市带来了毁灭性的打击。二战后，毁坏了的城市迫切需要重建，"整体规划"又流行起来。许多建筑师都投入到"整体规划"的事业中。英国的考文垂市（Coventry，1951）、瑞典的魏林比新城（Vallingby，20世纪50年代初）、芬兰的花园城市塔皮奥拉

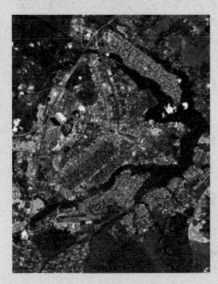

巴西利亚俯瞰

（Tapiola，1951）、法国巴黎的台方斯区（Defence，1965）、日本东京的新宿区（1969）以及筑波科学城（1968）等都是"整体规划"得比较好的例子。

在"整体规划"方面有成功的例子，也是失败的教训。巴西新首都巴西利亚（1956年）就是失败的典型。巴西利亚整体布局被设计成展翅的大鸟，从高空看下去确实很美观。但城市的分布格局极为不合理，其居住区与工作区分别位于两个翼上，市民上下班花费的时间很多，也为城市交通带了极大压力。

后现代建筑的发展

西方建筑杂志在20世纪70年代大肆宣传后现代主义的建筑作品，但实际上直到80年代中期，堪称有代表性的后现代主义建筑，无论在西欧还是在美国仍然寥寥无几。比较典型的有美国奥柏林学院爱伦美术馆扩建部分、美国波特兰市政大楼、美国电话电报大楼、美国费城老年公寓等。

1976年，在美国俄亥俄州建成的奥柏林学院爱伦美术馆扩建部分与旧馆相连，墙面的颜色、图案与原有建筑有所呼应。在一处转角上，孤立地安置着一根木制的、变了形的爱奥尼式柱子，短粗矮胖，滑稽可笑，得到一个绰

美国波特兰市政大楼

号叫"米老鼠爱奥尼"。这种处理体现着文丘里提倡的手法：它是一个片段、一种装饰、一个象征，也是"通过非传统的方式组合传统部件"的例子。

1982年落成的美国波特兰市政大楼，是美国第一座后现代主义的大型官方建筑。楼高15层，呈方块形。外部有大面积的抹灰墙面，开着许多小方窗。每个立面都有一些古怪的装饰物，排列整齐的小方窗之间又夹着异形的大玻璃墙面。屋顶上还有一些比例很不协调的小房子，有人赞美它是"以古典建筑的隐喻去替代那种没头没脑的玻璃盒子"。

美国电话电报大楼是1984年落成的，建筑师为约翰逊，该建筑坐落在纽约市曼哈顿区繁华的麦迪逊大道。约翰逊把这座高层大楼的外表做成石头建筑的模样。楼的底部有高大的贴石柱廊；正中一个圆拱门高33米；楼的顶部做成有圆形凹口的山墙。有人形容这个屋顶从远处看去像是老式木座钟。约翰逊解释他是有意继承19世纪末和20世纪初纽约老式摩天楼的样式。

美国建筑师史密斯被认为是美国后现代主义建筑师中的佼佼者。他设计的塔斯坎和劳伦仙住宅包括两幢小住宅，一幢采用西班牙式，另一幢部分地采用古典形式，即在门面上不对称地贴附三根橘黄色的古典柱式。

美国电报电话公司总部大楼（现在的纽约索尼大厦）

1980年，威尼斯双年艺

节建筑展览会被认为是后现代主义建筑的世界性展览。展览会设在意大利威尼斯一座16世纪遗留下来的兵工厂内，从世界各国邀请20位建筑师各自设计一座临时性的建筑门面，在厂房内形成一条70米长的街道。展览会的主题是"历史的呈现"。被邀请的建筑师有美国的文丘里、斯特恩、格雷夫斯、史密斯，日本的矶崎新，意大利的波尔托盖西，西班牙的博菲尔等。这些后现代派或准后现代派的建筑师，将历史上的建筑形式的片断，各自按非传统的方式表现在自己的作品中。

典雅主义倾向的代表

后现代派的典雅主义倾向主要指后现代建筑师运用传统的美学法则来使现代材料与结构产生规整、端庄与典雅的庄严感，主要存在于美国。

◎菲利浦·约翰逊

在19世纪前期的四位建筑大师中，只有赖特是美国人，并且他所取得的成就最高，对后世的影响最大。有人创造了一个"新名词"——国际主义（Internationalism），将欧洲新建筑的三位代表与赖特区别开来。这个新名词就是由菲利浦·约翰逊（Phillip Johnson，1906~2005）在其20世纪30年代的著作中提出来的。

1906年，菲利浦·约翰逊出生在美国，1923年考入哈佛大学建筑系，有幸成

休斯敦的潘索尔大厦

为格罗佩斯的学生。但是，后来他坦言：当时对格罗佩斯没有印象。那时，密斯是他崇拜的对象。毕业后，他应邀到纽约现代艺术博物馆工作。1930年夏，他在巴黎会见了历史学家希契柯克。他们共同参观了许多欧洲的现代建筑，一致认为"一种纯净的艺术即简单、无装饰的艺术可能是伟大的救世灵丹，因为这是自哥特以来头一个真正的风格，因此它将变成世界性的，且应作为这个时代的准则"。这些思想都记录在他们合写的《国际式——1922年以来的建筑》一书中。建筑学强烈地吸引着他，33岁的约翰逊重新回到了自己的母校学习建筑。1943年，约翰逊取得哈佛大学建筑系硕士学位。1945年他开办了属于自己的（建筑）事务所。

密斯是约翰逊早期的偶像。密斯与约翰逊共同完成西格拉姆大厦后不久就分道扬镳。据说是因为约翰逊酒后吐真言说不理解密斯。偶像破灭，进入60年代以后，约翰逊的思想发生了转变，他到处宣扬要冲破现代主义建筑的某些原则，强调"建筑是艺术"，形式应遵循思想，而不是功能和理性。他的思想就是在简单实用的基础上有意地加上装饰，这种风格被称为"典雅主义"（Formalism，又译作"形式主义"，也被称为"新古典主义"）。约翰逊最具代表性的作品要数美国电报电话公司（ATT）总部大楼、纽约林肯艺术中心的州立剧院、潘索尔大厦和平板玻璃公司总部。

纽约曼哈顿区的美国电报电话

菲利普·约翰逊设计的美国达拉斯市立国家银行大楼

公司总部大楼（ATT Building，1984），由约翰逊和伯吉共同完成。它被认为是历史上对后现代主义建筑最具影响的建筑物。为了达到雄伟、高雅的效果，该大厦用了13000吨磨光花岗岩作装饰面。大厅内部也用花岗石墙面，黑大理石地面，铜门电梯，中央矗立着"电神"雕塑。整座建筑典雅而气派，被誉为后现代主义一座重要的纪念碑。

匹茨堡的平板玻璃公司

纽约林肯艺术中心的州立剧院（NY State Theater, Lincoln Cultural Center, 1964）是约翰逊与他人（H&A事务所、SOM事务所各一位主将，小沙里宁）共同设计完成的另一代表性建筑。其门前的柱廊明显也模仿希腊神庙。

匹兹堡的平板玻璃公司总部是约翰逊和伯吉共同设计的另一杰作。中央是40层的主楼，一边是13层的配楼，周围还布置了四个5层的建筑，中间围成一个广场。由于该建筑是玻璃公司总部所在地，其外表全部采用玻璃饰面。褶皱形、四方形和三角形断面交替出现在建筑立面中，在日光或灯光的照射下光影迷离，使建筑更加挺拔壮观，富于变化。这栋建筑也成为该玻璃公司的活广告。

休斯敦的潘索尔大厦（1976）在摩天大楼群中别有一番韵味。约翰逊在方形的地段上布置了两个平面呈梯形30层高的塔楼。两塔中间一角几乎碰上，形成了从下到上宽仅10米的缝隙。两塔顶面呈45°角反向倾斜。塔身外装修采用古铜色镜面玻璃和古铜色铝窗，在不同高度有不同方向的斜面映照不同景物，远远望去变化万千。这座大厦打破了古典建筑四方盒子的外形，已成为休斯敦城市轮廓线的重要标志。约翰逊称之为最具雕塑感的成功建筑。

除了约翰逊之外，美国的爱德华·斯通（Edward Stone，1902～1978）、生于波兰后入美国籍的路易·康（Louis Kahn，1901～1974）和日裔美国人山琦实（Minoru Yamasaki，1912～1986）也是典雅主义者。其中，路易·康与山琦实的影响更大。

◎ 建筑界的诗哲——路易·康

路易·康，美国建筑师、教育家、哲学家，20世纪最杰出的建筑师之一，不仅留下了许多令人感叹的现代建筑杰作，还发展出一套崭新的理论，为现代建筑的发展注入了新的活力。路易·康大器晚成，他那些分散于美国、印度及孟加拉的经典作品都在他一生最后的20年间完成。作品整合了结构系统、材料、光线、几何原型、人性价值于一体。耶鲁大学美术馆、宾州大学理查森医学研究楼、爱塞特图书馆、孟加拉国达卡国民议会

孟加拉国达卡国民议会厅

厅、艾哈迈德巴德的印度管理学院等是路易·康的代表性建筑作品。

路易·康，1901年2月20日生于爱沙尼亚的萨拉马岛——波兰统治下波罗的海的一座小岛。他的父亲是一位虔诚的犹太教徒，他的母亲具有相当高的文学修养和音乐天赋，是路易·康成长过程中的良师益友。1905年随父母移居美国费城。在中学的最后阶段，路易·康选学了一门建筑史课，从而做出了一个关乎命运的重大选择。他觉得建筑比绘画更适合于他，从此就在宾夕法尼亚大学建筑系中学习建筑，1924年毕业。宾州大学建筑系本是美国建筑系的王牌，但它照搬法国巴黎美术学院的教学模式，学生一点一点从柱式开始学起，是折中主义在美国的据点。现代派出现之后，折中主义衰落了。1928年路易·康赴欧洲考察，1935年回到费城。1947～1957年任耶鲁大学教授，并接手设计了该校美术馆扩建工程（1952～1954），因此一举成名。这时他已经50多岁。耶鲁大学美术馆体现了典型的现代派风格。

宾州大学理查森医学研究楼（Richards Medical Research Building，1961）真正体现了路易·康自己的风格。虽然还用了大量的方盒子，但是建筑之间的相互关系已经体现出有意模仿古希腊建筑布局的倾向，因此有人称之为"历史主义"。相比约翰逊，其"典雅主义"色彩确实不够鲜明。因此，也有人批评他是"过渡式人物"。

路易·康发展了建筑设计中属于自己的哲学概念，认为盲目崇拜技术和程式化设计会使建筑缺乏立面特征，主张每幢建筑必须自成一格。其建筑作品坚实厚重，不表露结构功能，开创了新的风格。路易·康在设计中成功地运用了光线变化，是建筑设计中光影运用的开拓者。

◎世贸中心双子楼的缔造者——山琦实

山琦实，美国著名建筑设计师，美国现代主义、国际主义设计的代表人物。与路易·康一样，山琦实也是美国移民家庭的后裔，1912年生于西雅图，华盛顿大学毕业。19世纪30年代，口袋里仅有40美元的山琦实从华盛顿来到纽约，与施里夫、兰姆和哈蒙等一起承担帝国大厦的设计工作。纽约著名建筑帝国大厦（Empire State Building，1931），在世贸中心双子楼落成之前是世界上最高的大楼。其尖顶模仿了哥特式。

在双子楼之前，山琦实在1954年设计了普鲁伊特·艾格大厦。该大厦是现代派建筑的最后挣扎。1954年，山琦实接受圣路易斯市的委托，为一批低收入者设计住宅。设计该大楼时，他坚持采用典型的现代派设计手法，特别是贯彻了柯布西耶的主张，否定装饰，强调朴实无华和预制构件的功能。这座九层楼高的建筑群落工整有致，但毫无装饰，冷漠到了极点。即便是穷人也不愿迁入，从19世纪50年代到70年代，这批建筑的入住率还不到1/3。1972年市政府决定将这个巨大的建筑群炸毁。这标志着现代派建筑的终结和后现代建筑的兴起。

纽约曼哈顿岛上的世界贸易中心双子楼（1973）曾经是纽约最高的建筑，也是世界上最高的建筑物之一，是华尔街金融中心的标志和象征。纽约世界贸易中心由六幢建筑组成，占地约6.5万平方米，耗资7亿美元。主建筑（110层的双塔楼）高411.5

昔日的世界贸易中心双子楼

米，呈方柱形体，两幢塔楼面积合计达93万多平方米。大楼的外墙是密排的钢柱，外表包以银色铝板。大楼受到很大的风压力，在普通风力下，楼顶摆幅为2.5厘米，实测到的最大位移有28厘米。整个世界贸易中心可容纳5万人，每天客人即达8万人次。两座大楼有46部高速电梯，114部区间电梯，8部货梯。客梯一部最多可载55人，电梯可直达能容纳2000辆汽车的停车场，并与地铁相连。可惜的是，2001年，双子楼在"9·11"事件中坍塌。

普林斯顿大学威尔逊学院（Wilson School，Princeton University，1965）也是山琦实建筑的代表，颇有希腊神庙之风，说明了山琦实多变的建筑风格。

粗野主义倾向的追随者

柯布西耶开创了"粗野主义"风格，这种风格对后世的影响很大，追随者也很多，逐渐形成了一个群体。他们崇尚毛糙的混凝土、沉重的构件和粗鲁的结合，在钢筋混凝土中寻求形式上的出路。他们认为这种风格的建筑不仅解决了当时社会经济的困难，甚至对于伦理困难来说也是一个有效途径。史密森夫妇，英国的詹姆斯·斯特林爵士、美国的保罗·鲁道

耶鲁大学建筑与艺术系大楼

夫、日本的丹下健三等人都深受"粗野主义"影响。其代表建筑有史密森夫妇设计的亨斯特顿学校，鲁道夫设计的耶鲁大学建筑与艺术系大楼，斯特林设计的莱斯特大学工程馆等。耶鲁大学建筑与艺术系大楼，建成于1963年，不仅是保罗·鲁道夫的代表作品，也是粗野主义的代表作品，无论是在建筑的形体组合上，还是在体量空间上鲁道夫都做了大胆的尝试。保罗·鲁道夫反对坚硬冷漠的玻璃方盒子，将柯布西耶和赖特作品的特点糅合在一起，创造出这个独具特色的、代表个人风格、里程碑式的著名建筑。

可以说，他们继承了柯布西耶的衣钵，是现代派风格的延续。其中，斯特林和丹下健三的影响更大。

◎詹姆斯·斯特林

詹姆斯·斯特林（James Stirling, 1926~1992），英国最有名的建筑师，后现

剑桥大学历史系大楼（Cambridge University History Faculty Building）

代主义大师。1926年出生于苏格兰格拉斯哥，利物浦大学毕业，1981年普利策建筑奖获奖者。为表彰其功绩，英国皇家建筑师学会将自1996年开始颁布的一项年度奖项命名为斯特林奖。詹姆斯·斯特林初期是典型的"粗野主义"者，代表建筑是Langham住宅。但当"粗野主义"在与"典雅主义"的斗争中落败之后，其风格多变起来，并逐渐开始讲究装饰。但他还是喜欢用大块的简单几何形体。Leicester大学的工程馆和剑桥大学历史系大楼（Cambridge University History Faculty Building）是其后期建筑作品的代表。

斯图加特的新国立美术馆是斯特林的代表性建筑作品，他也因此获得1981年普利策奖。该建筑各个细部颇有20世纪五六十年代追随高技派的痕迹。而各种相异的成分相互碰撞，各种符号混杂并存，体现了后现代派追求的矛盾性和混杂性。

◎丹下健三

丹下健三是著名的日本建筑师，曾经是日本建筑第一人。1913年9月4日生于大阪，1935～1938年东京帝国大学建筑系就读，毕业后在前川国男事务所工作了4年，受前川影响颇大。1942～1945年在东京帝国大学研究院专攻城市规划，4年后成为教授。同年获广岛和平中心设计竞赛一等奖，并出席国际现代建筑协和大会，引起了国际建筑界的关注。1961年设立"丹下健三城市建筑设计研究所"。丹下健三的建筑风格比较全面。早期提出"功能典型化"的概念，赋予建筑比较理性的形式，并探索现代建筑与日本建筑相结合的道路。仓敷市厅舍（即市政府）体现了他对混凝土的偏爱，可见他受到了前川的影响。后来，他提出了"都市轴"的理论，为东京的发展提出规划，对以后城市设计有很大影响。丹下健三还在大跨度建筑方面作了新的探索，最著名的是东京代代木国立综合体育馆（1961～1964年），运用了当时并不多见的悬索技术。

高度工业技术倾向

　　"典雅主义"与"粗野主义"的论争最后以"粗野主义"的失败而告终，其标志就是1966年《建筑的复杂性和矛盾性》一书的出版。该书的矛头直指现代派建筑的原则"少就是多"。该书的作者甚至将密斯的名言"少就是多"，改成了"少就是烦"。

　　并不是整个建筑界都卷进了"典雅"与"粗野"的论争中，有一部分建筑师站在论争的边缘但最终没被卷进去。高度工业技术（High-Tech）风格就是其中的代表。这种风格不仅要求在建筑上采用新技术，

巴黎蓬皮杜艺术中心

而且在美学上极力表现新技术。主张采用最新的材料制造体量轻、用料省、能快速灵活地装配与改造的结构与房屋，并加以表现。为解决城市问题，出现用预制标准化构件装配成的大型、多层和高层的"巨型结构"。

老沙里宁的儿子埃罗·沙里宁和美籍阿根廷人西萨·佩里是这种倾向的杰出代表。而此流派最著名的代表建筑就是巴黎蓬皮杜国家艺术与文化中心。

◎埃罗·沙里宁

小沙里宁，20世纪中叶美国最有创造性的建筑师之一，1910年8月20日出生于芬兰一个艺术家庭，其父亲老沙里宁是世界著名的建筑师，其母亲是雕塑家。他从小受父母的影响非常大。1923年全家移居美国。小沙里宁喜好雕塑，1929年到巴黎学习雕塑，一年后回美国。1934年毕业于美国耶鲁大学建筑系，次年到欧洲游学，回美国后到老沙里宁的事务所工作。1950年他的父亲去世后，小沙里宁独自开业,从这时到他1961年9月1日死于脑科手术的11年中,他设计了一系列经典作品,圣路易市杰斐逊纪念碑

圣路易市杰斐逊纪念碑

（1964年）、耶鲁大学冰球馆(1958年)、纽约肯尼迪机场环球航空公司候机楼（1956~1962）、华盛顿杜勒斯机场候机楼（1958~1962年）等都是其代表作品。1962年美国建筑师协会追授他金质奖章。

小沙里宁一生都在不断地创新，不断地超越，其作品富于独创性。1951年小沙里宁仿效密斯风格设计而成的底特律通用汽车技术中心（Technical Center for General Motors，1955）有25幢建筑物，环绕着一个规整的人工湖，组成一个建筑群，湖中有带雕塑特点的水塔。

圣路易市杰斐逊国家纪念碑使小沙里宁扬名。这座高宽各为190米的外贴不锈钢的抛物线形拱门，造型雄伟，线条流畅，象征着圣路易市为美国开发西部的大门。纽约肯尼迪机场环球航空公司候机楼（1962）和华盛顿杜勒斯国际机场候机楼（1963）造型奇特，并且运用了薄壳、悬索等当时最先进的技术，是High-Tech风格建筑的杰出代表。

1952年小沙里宁设计了麻省理工学院礼堂和小礼堂，礼堂采用只有三个支点的1/8球壳作屋顶，教堂为圆形砌建筑。1958年小沙里宁为耶鲁大学设计了冰球馆，采用悬索结构，沿球场纵轴线布置一根钢筋混凝土拱梁，悬索分别由两侧垂下，固定在观众席上，造型奔放舒展，表达出了冰球运动的速度和力量。

◎ **西萨·佩里**

西萨·佩里（Cesar Pelli），1926年出生于阿根廷图库曼（Tucuman），1952年移居美国。他最初在图库曼大学学习，并于1950年获得了建筑学学士学位，1954年获得建筑学硕士学位。毕业后，佩里与著名建筑师艾罗·萨里南（Eero Saarinen）一起工作多年，受其影响较大。1977年，

西萨·佩里设计的洛杉矶的太平洋设计中心

他组建了自己的建筑事务所，同年被聘为耶鲁建筑学院主任。

佩里在设计中常使用一些简单的几何图形，有圆形、正方形、三角形和一些基本的立方体、棱柱及棱锥等，根据其比例进行合理的设计。佩里设计的建筑总是强调建筑表面用玻璃以突出其光面特征。建筑的颜色和风格也富于变化，蓝色、棕色、青铜色混合出现，在建筑中有效使用玻璃等。他说过："我对建筑的外观特别的感兴趣，尤其是控制生活环境的围栏。"有色砖块、石灰石、铝以及钢材等也是佩里经常使用的材料。

重视细节、突出个性是佩里建筑的特点。佩里接手了大大小小无数个住宅和商用大楼的设计工作，但他所设计的每个项目都有不同之处。并且佩里注重将自然和人性融为一体，他通过位置和光线的合理设计将当地的自然和文化因素和谐地表现出来。

洛杉矶的太平洋设计中心（Pacific Design Center，1971）是其代表作品之一。该建筑的设计仍然遵从密斯的玻璃外墙和钢结构思路，但融入了更多的技术。佩里也因这座建筑得到了"蓝鲸"的外号。佩里一直有建造高楼的理想，因此有人称其为"高楼理想主义"。重视技术使其建造高楼的理想在"密斯风格"已不再流行的情况下继续得到实现。马来西亚首都吉隆坡的双子塔（Petronas Towers，452米高）是其"高楼理想"的最好体现。

吉隆坡双子塔（又名双峰大厦）是马来西亚首都吉隆坡的标志性建筑之一，是世界上目前最高的双子塔。该大厦于1998年完工。88层的双塔大厦由裙房相连的两个独立塔楼组成。其外形就像两个巨大的玉米。该建筑是马来西亚石油公司的综合办公大楼，也是游客从云端俯视吉隆坡的好地方。双子塔体现了吉隆坡年轻、中庸、现代化的城市个性。

◎里查德·巴克明斯行·福勒

里查德·巴克明斯行·福勒（Buckminster Fuller，1895～1983）是一个极富传奇色彩的人物，他不仅是美国著名的建筑师，还是一位哲学家、设计师、艺术家、工程师、作家、数学家、教师和发明家，甚至是一位吹牛家。他一生共注册了25项专利，写了28本书，环球旅行57次，获得47个荣誉博士学位。他获奖无数，其中包括1969年诺贝尔和平奖提名。

1895年，福勒出生于马萨诸塞州汉密尔顿的一个贵族家庭。22岁时，他与恋人Anne Helwett结婚。后来，他到美国海军服役，担任通讯

蒙特利尔世博会上福勒设计的美国馆

官。这时一位炮舰指挥官对他今后的生活和工作产生了决定性影响。1922年，福勒从海军退役，与他人合伙创办了Stockade建筑公司生产建筑材料。在此期间，他积累了大量建材知识。1927年的灾难使其公司破产，他陷入困顿之中，福勒甚至想到用死来结束苦难。

　　后来，福勒决定把精力集中在自己最熟悉的建筑领域，随后一年，他为自己的4D楼申请了首项专利，这是一个轻型的、预制的多层公寓楼，可以搬运到世界各地。在搬运过程中，它会自动发光和发热，同时还配备独立的污水处理系统。此后，其创作灵感便一发不可收拾。真正让他扬名的是1929年的"节能多功能房"（Dymaxion House），这是一种由轻型钢、硬铝和塑料做成的房屋，室内空间呈六边形布局。这种房子的设计初衷不仅是供私人专用，还是一种可供出租的、临时的、可运输的房屋。战争结束后，他重新转向标准化的、轻型的经济房屋，他与Beech Aircraft Company 公司开发的多功能住宅机器便是这一时期的产物。该标准住宅的原型重量仅4吨。

1967年，在蒙特利尔世博会上福勒设计的美国馆，用大量五边形和六边形组成一个球状结构，可以说这是继"水晶宫"之后在钢与玻璃组合上的又一个突破。后来化学上发现的C60分子也因为结构相近被命名为"富勒烯"。

◎诺曼·福斯特爵士

诺曼·福斯特爵士（Sir Norman Foster），1935年出生在曼彻斯特，1961年曼彻斯特大学建筑与城市规划学院毕业后，获得耶鲁大学亨利奖学金而就读于Jonathan Edwards学院，取得建筑学硕士学位。1967年福斯特成立了自己的事务所，其建筑作品遍及全球，并获得190余项评奖，其中包括密斯·凡·德罗奖（欧洲建筑大奖）、法国建筑协会金奖、美国艺术与文学学会阿诺德·W. 布伦纳纪念奖、美国建筑师协会1994年建筑金奖、1999年第21届普利策建筑大奖等等。福斯特因建筑方面的

香港汇丰银行大厦

杰出成就，1983年获得皇家金质奖章，1990年被册封为骑士，1997年被女皇列入杰出人士名册，1999年获终身贵族荣誉，并成为泰晤士河岸的领主，用"获奖专家"来形容他不足为过。

香港汇丰银行大厦（New Headquarters of Hongkong and Shanghai Bank，1986）、德国柏林的新议会大楼（Reichstag，1999）、德国商业银行总部大厦（法兰克福）、斯坦斯泰德机场（埃塞克斯）、柏林国会大厦增建工程、瑞士再保险公司大楼、柏林自由大学图书馆及将在2008年奥运会前竣工的北京新首都国际机场三期工程等都是福斯特设计或组织设计的建筑精品。

德意志商业银行总部大厦是世界上第一座高层生态建筑，其方案设计是福斯特事务所与商业银行以及城市规划师三方通力合作的产物。该大厦主要由办公区域、中庭和空中花园组成。中庭巨大，若干4层高的空中花园沿着中庭螺旋而上，为办公人员提供了舒适的绿色景观。每间办公室也都采用自然通风。

香港汇丰银行是香港的标志性建筑。早在设计之初（1979），业主就明确表示：把它建成一座世界上最好的银行大楼。在设计过程中，福斯特事务所的建筑师们进行了多方面的研讨，包括处理对千楼一面的方盒子式工商业建筑形象的重新定义，公共和私密空间之间的关系，复杂和简单结构之间的关系，轻型材料和高效率施工技术的研究，以及将自然光引入房间深处等问题。结果可想而知，他们交出了一份满意的答卷。

福斯特是一位完美主义者，其事务所设计出的建筑都是几近完美的作品。它们是由结构工程师、设备工程师和造价顾问等共同完成的，是集体智慧的结晶。福斯特在这个集体中扮演着统帅的角色。

　　黑川纪章（Kisho Kurokawa，1934~2007）是丹下健三的学生。早期的丹下健三受"粗野主义"的影响比较大，但是到了中后期，他对技术比较重视。黑川纪章对技术的重视程度远远超过了他的老师。1960年，黑川纪章和其他一些人提出了"新陈代谢主义"（Metabolism）来反对现代派把建筑简化成机器的主张。与高度工业技术风格一样，新陈代谢主义的实现建立在技术进步的基础上，没有技术的进步就没有新陈代谢主义的发展。从某种程度上说，新陈代谢主义是高度工业技术风格的延续和发展。不同的是，新陈代谢主义主要在日本进行，它强调从日本

大阪世博会上展出的黑川纪章设计的实验性房屋（Takara Beautilion）

的传统文化中寻找设计源泉。用新技术来反对旧技术，其实在当时及以后很长一段时间内都是日本人的一个总体倾向。后来，丹下健三也加入到新陈代谢主义当中来。黑川纪章是新陈代谢主义的主要代表，1970年大阪世博会上展出的实验性房屋（Takara Beautilion）是其最出名的设计作品。

折中之路的重启

折中主义建筑是19世纪上半叶至20世纪初，在欧美一些国家流行的一种建筑风格。折中主义强调"兼收并蓄"，要将以前所有风格的精华都集中起来，结果却不尽如人意，建造出来的建筑物往往"四不像"，更没有自己的个性。巴黎歌剧院（Paris Opera，1874）就是当时法国"折中主义"的代表。19世纪后期，巴黎美术学院（Ecole des Beaux-Arts）建立起来，成为折中主义的老巢，促进了折中主义的传播。到了现代，"折中主义"之火有愈烧愈旺之势，矶崎新和贝聿铭就是其中的代表。

◎矶崎新

矶崎新，日本现代建筑大师，与黑川纪章、安藤忠雄并称日本建筑界三杰。1931年，他出生在日本大分市。东京大学建筑系毕业以后，他在丹下健三（Kenzo Tange）的带领下继续学习和工作。自20世纪60年代起，矶崎新一直引领着世界建筑的先锋潮流，被称为"日本建筑界的切·格瓦拉"。之后，其建筑思想大约每隔十年就有一次大转变。虽然与黑川纪章一样同为丹下健三的学生，矶崎新对新陈代谢主义并不热衷。面对现代派风格建筑的困境，矶崎新选择了一条折中的道路，把西

矶崎新设计的迪士尼总部大楼

方和日本的建筑元素融会贯通，揉为一体，因此也有人评价他是个"手法主义"者。20世纪七八十年代，他凭借自己的经典作品水户艺术馆和筑波中心，登上"后现代主义建筑大师"的宝座。20世纪90年代中期，他则更倾向于表现主义，但其后的作品越来越带有未来主义色彩。

矶崎新的思想很尖锐，屡屡跟政府对立，因此他的许多设计项目都被拒之门外，只能停留在设想阶段。在2002年上海双年展上，矶崎新毫不客气地给上海的建筑评分为"B"，并且说上海只有建筑，没有艺术。在2004年青岛"中国当代建筑文化论坛"上，他又指出中国建筑师效率高，是因为用了盗版CAD。矶崎新未完成的作品有很多，《空中城市》（1962）糅合了东方特色的斗拱和西方的柱式，最为著名。

矶崎新不仅是一位杰出的艺术家，还是一位思想家。在他看来，

"反建筑史才是真正的建筑史。建筑有时间性，它会长久地存留于思想空间，成为一部消融时间界限的建筑史。阅读这部建筑史，可以更深刻地了解建筑与社会的对应关系，也是了解现实建筑的有益参照。""未来的城市是一堆废墟。"这些都是矶崎新的激烈宣言。

◎ 贝聿铭

　　贝聿铭（1917～　），美籍华人，20世纪世界最成功的建筑师之一，被称为"美国历史上前所未有的最优秀的建筑家"。1917年出生于广东而成长于苏州，17岁时远渡重洋到美国求学，先后在麻省理工学院和哈佛大学学习建筑。31岁时贝聿铭辞去教师职务，接受美国房地产巨头泽肯托夫的邀请，从事商业住房设计，之后成立了自己的设计公司。美国华盛顿国家艺术馆东大厅、约翰肯尼迪纪念图书馆、巴黎罗浮宫重建工程等都是其代表作品。这些建筑被称为是"充满激情的几何结构"，成为现代经典作品。他得到过无数荣誉，美国全国建筑学院继1979年向贝聿铭颁发了金质奖章之后，1982年推选他为"最佳大型非居住建筑设计师"，1983年，他获得了建筑界的"诺贝尔奖"——普利策建筑奖。

贝聿铭设计的香港中银大厦

在贝聿铭的所有作品中，华盛顿国家艺术馆东大厅（East Building of National Gallery of Art, 1978）最令人惊叹。美国前总统卡特曾经称赞说："这座建筑物不仅是首都华盛顿和谐而周全的一部分，而且是公众生活与艺术之间日益增强联系的艺术象征。"波士顿肯尼迪图书馆（J.F.K. Memorial Library, 1964）更被誉为美国建筑史上最杰出的作品之一。丹佛的摩天大楼、纽约的议会中心，倾倒了无数的美国人。费城社交山大楼使贝聿铭获得了"人民建筑师"的称号。贝聿铭的作品不仅遍布美国，而且分布于全世界。贝聿铭应法国总统密特朗邀请，完成卢浮宫的扩建设计（1989），"征服了（对艺术要求非常苛刻的）巴黎"。我国香港的中银大厦（1990）、北京西山有名的香山饭店，也都是贝聿铭设计的。

地方性倾向

地方性倾向的形成最早可追溯到英国的埃德温·鲁琴斯爵士（Sir Edwin Lutyens, 1869～1944）。1900年左右，鲁琴斯在伦敦郊区建造的乡村住宅成为"地方风格"的最早代表。这些乡村住宅与周围环境非常协调。虽然装饰很简单，可能受到了现代派的影响，但它们只是静静地待在繁华都市的边缘。

芬兰天才阿尔瓦·阿尔托（Alvar Aalto, 1898～1976）是地方性倾向最杰出的代表，人性化建筑理论的倡导者，与格罗佩斯、赖特、柯布西耶、密斯齐名的现代建筑大师，同时也是一位设计大师。他终生倡导人性化建筑，主张一切从使用者角度出发，其次才是建筑师的想法。其建筑作品融理性和浪漫为一体，亲切温馨，而非工业时代机器的产物。

1898年2月3日阿尔托出生于芬兰的库奥尔塔内小镇（Kuortane），1921年赫尔辛基工业专科学校建筑学专业毕业。1923年起，先后在芬兰的建筑事务所工作。1924年他与设计师阿诺·玛赛奥（Aino Marsio）结婚，共同进行长达5年的木材弯曲实验，这项研究为阿尔托20世纪30年代的革命性设计奠定了基础。

　　1928年阿尔托参加了国际现代建筑协会。次年，按照新兴的功能主义建筑思想，阿尔托同他人合作设计了为纪念土尔库建城700周年而举办的展览会的建筑。他抛弃了传统风格的一切装饰。该建筑的落成标志着现代主义建筑在芬兰首次亮相。阿尔托也是一位非常爱国的建筑

阿尔瓦·阿尔托设计的芬兰珊纳特赛罗市政中心

阿尔托设计的帕米欧疗养院

师，二战后的头10年，他主要从事祖国的恢复和建设工作，为拉普兰省省会制订区域规划（1950～1957）。

与许多现代派建筑大师一样，二战期间阿尔托也为生活所迫来到了美国。1940年任美国麻省理工学院客座教授，1947年获美国普林斯顿大学名誉美术博士学位。二战结束后，阿尔托很快回到了自己的祖国，投身于重建祖国的事业中。

阿尔托一生获得了无数的荣誉，1955年当选芬兰科学院院士，1957年获英国皇家建筑师学会金质奖章，1963年获美国建筑师学会金质奖章。他一生更创作了众多经典建筑，帕米欧疗养院、伏克塞涅斯卡教堂、贝克宿舍大楼、罗瓦涅米市中心规划、玛丽亚别墅等遍及芬兰及世界各地。

阿尔托设计的建筑个性非常鲜明，后人很难模仿。1950年他设计的芬兰珊纳特赛罗镇中心（Town Hall of Saynatsalo）可以说是阿尔托风格的代表。小镇中心坐落在一座小山上，用红砖和木结构建造而成，与当地的自然风光、传统建筑非常协调。人们在去往市镇中心的路上始终能感觉到主楼的存在，进入主楼却感觉不到主楼的存在，这就是其妙处。

除了阿尔托之外，北欧"地方风格"的典型代表还有拉尔夫·厄斯金（Ralph Erskine，1914~），他拥有英国、瑞典双重国籍。他设计的拉普兰体育旅馆（Sport Hotel，Lappland，1955）和当地自然景观完美地结合在一起，那甚至都不能说是建筑，而是从地上长出来的房子。

书 目